促進嬰幼兒口腔發展的餵食技巧：
父母必備指南

Feed Your Baby & Toddler Right:
Early eating and drinking skills encourage
the best development

Diane Bahr 著

簡欣瑜、張偉倩、廖婉霖 譯

Feed Your Baby & Toddler Right:
Early eating and drinking skills encourage the best development

Diane Bahr

目次

作者簡介 ·· v

譯者簡介 ·· vi

譯者序一 ·· viii

譯者序二 ·· ix

譯者序三 ·· x

致謝 ··· xii

前言 ··· xv

導讀 ··· xvii

1：重要發展檢核表／簡欣瑜 ···························· **1**

這本手冊將如何幫助你 ·································· 2

發展檢核表的重要性 ·································· 2

餵食與相關發展檢核表：出生至 24 個月 ············· 3

發展（3 至 6 個月） ·································· 13

餵食（3 至 6 個月） ·································· 16

發展（6 至 12 個月） ································· 20

餵食（6 至 12 個月） ································· 21

發展（12 至 18 個月） ································ 26

餵食（12 至 18 個月） ································ 26

發展（18 至 24 個月） ································ 30

餵食（18 至 24 個月） ································ 31

飲食檢核表：出生至 24 個月 ························· 33

監督下目的性俯臥時間至爬行階段檢核表：

在發展上可能被忽視的基本連結（出生至 7 個月）⋯⋯⋯⋯⋯ 39

口腔與手口反射／反應檢核表（孕期滿 40 週之足月嬰兒）⋯⋯⋯ 46

2：親餵或瓶餵——這就是問題／張偉倩 ⋯⋯⋯⋯⋯⋯⋯ **53**

親餵和瓶餵的差別 ⋯⋯⋯⋯⋯⋯⋯⋯⋯⋯⋯⋯⋯ 54

親餵和瓶餵對健康與發展的益處 ⋯⋯⋯⋯⋯⋯⋯⋯ 57

為什麼這麼多媽媽在親餵方面有困難？ ⋯⋯⋯⋯⋯⋯ 63

舌頭、嘴唇和臉頰限制 ⋯⋯⋯⋯⋯⋯⋯⋯⋯⋯⋯ 67

3：良好的母乳餵養和奶瓶餵養習慣，以及如果出現問題該怎麼辦
／張偉倩 ⋯⋯⋯⋯⋯⋯⋯⋯⋯⋯⋯⋯⋯⋯⋯⋯ **75**

餵食寶寶的最佳擺位及其原因 ⋯⋯⋯⋯⋯⋯⋯⋯⋯ 76

在親餵哺乳或瓶餵期間，你的寶寶是什麼擺位？ ⋯⋯⋯ 81

親餵哺乳或瓶餵可能會出什麼問題？ ⋯⋯⋯⋯⋯⋯⋯ 82

餵食期間，寶寶在做什麼？ ⋯⋯⋯⋯⋯⋯⋯⋯⋯⋯ 84

選擇合適的奶瓶奶嘴頭 ⋯⋯⋯⋯⋯⋯⋯⋯⋯⋯⋯ 85

為寶寶選擇合適的奶瓶奶嘴頭 ⋯⋯⋯⋯⋯⋯⋯⋯⋯ 88

如果寶寶難以保持閉合門，該怎麼做？ ⋯⋯⋯⋯⋯⋯ 88

幫助寶寶門住乳房或奶瓶 ⋯⋯⋯⋯⋯⋯⋯⋯⋯⋯⋯ 90

如果液體流動過快或過慢，該怎麼辦？ ⋯⋯⋯⋯⋯⋯ 91

給瓶餵父母們的重要說明 ⋯⋯⋯⋯⋯⋯⋯⋯⋯⋯⋯ 92

來自乳房或奶瓶的液體流動 ⋯⋯⋯⋯⋯⋯⋯⋯⋯⋯ 93

營養與水分補充（hydration） ⋯⋯⋯⋯⋯⋯⋯⋯⋯ 93

寶寶的身體在告訴我什麼 ⋯⋯⋯⋯⋯⋯⋯⋯⋯⋯⋯ 96

4：良好的湯匙餵食、杯子飲食、吸管飲食和咀嚼練習，以及如果出現問題該怎麼辦／廖婉霖 ·················· **99**

在新餵食活動中如何擺位寶寶 ················· 101

在餵食時如何擺位寶寶？ ················· 102

下顎支持 ················· 103

湯匙餵食 ················· 103

你如何使用湯匙進食？ ················· 104

如何正確使用湯匙餵食寶寶 ················· 105

寶寶如何使用湯匙進食？ ················· 110

關於袋裝食物的重要說明 ················· 110

使用開口杯飲食 ················· 110

你如何使用開口杯飲食？ ················· 111

如何教寶寶使用開口杯飲食 ················· 112

寶寶如何使用開口杯飲食？ ················· 115

使用吸管飲食 ················· 115

你如何使用吸管飲食？ ················· 115

如何教寶寶使用吸管飲食 ················· 116

寶寶如何使用吸管飲食？ ················· 120

咬合並咀嚼安全適合的食物 ················· 121

你如何咬合並咀嚼食物？ ················· 121

如何教寶寶安全咬合食物並正確咀嚼 ················· 122

寶寶如何咬合和咀嚼食物？ ················· 126

從奶瓶和乳房斷奶 ················· 127

從乳房和／或奶瓶斷奶清單 ················· 130

合適的口腔物品和玩具 ················· 131

推薦的適齡嚼食物品或玩具 ················· 132

餵食問題和挑食 …………………………………… 134

如果我的孩子有餵食問題該怎麼辦 ………………… 136

如果我的孩子挑食怎麼辦 …………………………… 137

食物和液體紀錄 …………………………………… 140

我孩子的飲食模式 ………………………………… 140

參考文獻 ………………………………………… **145**

作者簡介

　　Diane Bahr 是一位母親、一位祖母，更是一個有遠見、有使命的人。近 40 年來，她一直在治療兒童和成人的餵食、運動言語和口腔功能問題。她是一名訓練精良的語言病理學家，同時身兼餵食治療師、出版作者、國際講者、大學講師和企業主。Diane 與她的丈夫兼業務經理 Joe Bahr 共同經營 Ages and Stages®, LLC。

譯者簡介

（按章節順序排列）

簡欣瑜（翻譯第 1 章）

學歷：國立臺灣師範大學特殊教育學系博士

經歷：亞東紀念醫院復健科語言治療師

　　　亞東紀念醫院早期療育發展中心語言治療師

　　　台灣聽力語言學會監事

現職：亞洲大學聽力暨語言治療學系副教授

張偉倩（翻譯第 2、3 章）

學歷：中山醫學大學語言治療與聽力學系

經歷：美國亨丁頓特殊教育營輔導員

　　　正風復健科診所語言治療師

　　　聯新國際醫院桃新分院復健科語言治療師

　　　藍迪兒童之家特約語言治療師

　　　社團法人新北市語言治療師公會第三屆、第四屆理事長

　　　樂山教養院特約語言治療師

　　　新泰綜合醫院復健科語言治療師

　　　新北市長期照顧服務系統語言治療師

現職：新莊真好語言治療所院長

　　　中華民國語言治療師公會全國聯合會常務理事

廖婉霖（翻譯第 4 章）

學歷：臺北市立大學語言治療碩士學位學程碩士

經歷：新北市巡迴輔導專業團隊語言治療師

　　　景愛復健科診所語言治療師

　　　慶昇醫院復健科語言治療師

　　　臺南市巡迴輔導專業團隊語言治療師

現職：蘋果樹語言治療所所長

　　　蘋果樹語言開花教室創辦人

譯者序一

　　很榮幸能有機會參與翻譯這本名為《促進嬰幼兒口腔發展的餵食技巧：父母必備指南》的書籍。我在亞洲大學聽力暨語言治療學系任教數年，同時是一位孩子的母親，過去從事嬰幼兒相關之語言治療工作也有超過十年的經驗。在這過程中，我深深體會到飲食與口腔發展之間的密切關係。正確的餵食技巧對於嬰幼兒的口腔發展和語言發展至關重要。然而，我在從事臨床工作時也了解，對於父母來說，如何在日常生活中提供適當的餵食和飲食習慣並不是容易的事。

　　此次參與本書的翻譯工作，希望能幫助更多臺灣的父母和照顧者了解如何選擇適當的食物，以及如何使用正確的餵食技巧來促進嬰幼兒的口腔發展。希望這本書能夠成為一本實用的工具書，為父母們提供嬰幼兒營養需求和口腔發展的重要參考。在書中，你會了解嬰幼兒營養需求及食物選擇的原則，以及引導嬰幼兒建立良好飲食習慣的建議。此外，書中也分享一些關於餵食技巧的方法，包括如何選擇和使用適當的餐具、如何在餵食過程中與嬰幼兒建立良好溝通，以及如何處理各種常見的餵食問題。本書的內容將為你在養育孩子的過程中提供莫大的幫助。

　　我要感謝心理出版社的邀請，以及所有支持我完成這本書的人們，包含一起進行翻譯工作的夥伴偉倩和婉霖，以及我的家人峯全和千甯，他們在這個過程中給予我無限支持。

　　無論你是一位熱愛學習的專業人士，還是一位全心投入照顧孩子的家長，我相信這本書將為你提供寶貴的知識和實用的建議，幫助你的孩子在成長過程中發展良好的口腔能力。

　　祝你閱讀愉快，同時也願你和你的孩子擁有健康快樂的日子！

簡欣瑜

譯者序二

很高興能與大家分享這本《促進嬰幼兒口腔發展的餵食技巧：父母必備指南》。作為這本書的譯者之一，我希望能將我個人的經驗和知識融入其中，為你提供有價值且實用的內容。

我是一名語言治療師，同時也是兩個孩子的母親，我深刻地體悟到嬰幼兒的餵食是一個非常重要且具有挑戰性的任務。每個孩子都有自己獨特的需求和特質，身為父母或照顧者需要不斷學習和適應，以確保他們安全進食獲得健康和平衡的營養。

除了在臨床上接觸過許多吞嚥障礙的孩子們之外，在我自身的育兒經驗中，我也曾遭遇到了一些困難和挑戰，例如：在親餵哺乳時，寶寶的含乳困難、返回職場改以瓶餵時，奶瓶奶嘴頭的選擇問題、前舌繫帶過緊的問題、挑食、口腔敏感、嘔吐反射過強，以及與長輩育兒觀念迥異的困境，這些都讓我在餵奶以及為孩子們備餐時帶來了一些額外的困難。然而，透過不斷地嘗試和修正，成功地克服了這些困難，我的孩子們上幼兒園後，都能夠正常進食，也不會再那麼頻繁嘔吐了。

這本指南涵蓋不同年齡孩子的進食需求和口腔發展里程碑，以及如何在餵食過程中促進他們的健康發展，而且，你也能在書中找到有效的餵食技巧。我努力確保翻譯的準確性和易讀性，同時保留了原作的內容和精髓。我希望這本指南能夠幫助你應對各種可能出現的問題，讓你能夠克服餵食過程中的困難，並讓你的孩子建立良好且有趣的進食經驗。

最後，我要感謝原作者對於這本書的貢獻、心理出版社團隊的邀請、翻譯小隊欣瑜和婉霖的支援，還有物理治療師、職能治療師、營養師和牙醫師朋友們的專業意見，以及隨時鼓勵著我的家人們，沒有他們，這本指南就無法呈現在你面前。

我真誠希望這本《促進嬰幼兒口腔發展的餵食技巧：父母必備指南》能夠成為你得力的助手。願這本書帶給你更多的知識、信心和幸福，讓你和你的寶貝一起享受餵食的樂趣。

疲乏的，祂賜能力；軟弱的，祂加力量。（以賽亞書，40：29）

張偉倩

譯者序三

非常感謝心理出版社的邀請。

感謝我的合作夥伴——欣瑜和偉倩，共同完成了《促進嬰幼兒口腔發展的餵食技巧：父母必備指南》的翻譯工作。

身為臨床工作者，評估過太多說話慢的孩子，同時也吃得不好。家長們最大的疑問就是：「怎麼讓孩子吃得好呢？」

本書可以給予解答，在適當的時機讓孩子使用正確的方式進食，就可以練習不同部分口腔動作，達到良好的口腔發展，這對孩子的正向影響是一輩子的。

第四章〈良好的湯匙餵食、杯子飲食、吸管飲食和咀嚼練習，以及如果出現問題該怎麼辦〉，這章內容非常實用。詳細介紹了如何進行良好的湯匙餵食、杯子飲食、吸管飲食和咀嚼練習，同時也提供了應對餵食問題的解決方案。首先，我們從擺位和下顎支持的技巧開始，這些是確保孩子正確進食的重要步驟。接著，我們介紹了三種不同的餵食工具，包括湯匙、杯子和吸管，並解釋了如何在適當的時機引入這些工具。

此外，還分享了幾種讓寶寶進行咀嚼練習的方法，以促進口腔發展和進食能力的提升。最後，我們詳細討論了可能出現的餵食問題，並提供了相應的解決策略，讓家長能夠更好地應對這些情況。

希望這本《促進嬰幼兒口腔發展的餵食技巧：父母必備指南》能夠為家長們提供實用的指引，幫助他們建立良好的餵食習慣和口腔發展環境。我們深信，透過正確的餵食技巧和口腔訓練，孩子們的口腔發展將得到有效促進，這對他們的語言和營養健康將帶來長遠的影響。

最後，再次感謝心理出版社的支持和信任，感謝所有參與這本書籍的人們。希望這本書能給父母和孩子們的生活帶來正面的改變。希望我天上的阿爸也能一起看到努力與成果。希望所有孩子都能好好吃飯、好好說話、好好長大。

　　謝謝大家！

廖婉霖

致謝

我要感謝許多非凡卓越的人，他們幫助我完成了這本書。如果有所遺漏，我誠摯地致歉。

感謝閱讀、評論並對本書章節提出建議的人士：

Char Boshart　語言病理學家，作者，講師

Kelley Carter　語言病理學家，認證口肌訓練師

Marge Foran　牙科專家，認證口肌訓練師

Dee Dee Franke　國際泌乳顧問

Julia Franklin　語言病理學家

Kristie Gatto　語言病理學家，認證口肌訓練師，作者，講師

Catherine Watson Genna　國際泌乳顧問，作者，講師

Rosabla Gutierrez　國際泌乳顧問

Kenda Hammer　教育家

David Hammer　語言病理學家，講師

Nina Ayd Johanson　語言病理學家，認證嬰兒按摩指導員，講師

Marjan Jones　綜合牙科醫師，講師

Sandra Kahn　綜合齒顎矯正醫師，講師

Lawrence A. Kotlow　兒童牙科醫師，作者，講師

Phyllis Magelky　語言病理學家，認證口肌訓練師

David C. Page, Sr.　功能性下頜骨科醫師，綜合牙科醫師，作者，講師

Barry Raphael　綜合齒顎矯正醫師，講師

Autumn Wake　國際泌乳顧問

Simon Wong　綜合牙科醫師，講師

Soroush Zaghi　呼吸道專科耳鼻喉科醫生，睡眠外科醫師，講師

感謝讚揚本書的人士：

Char Boshart　語言病理學家，作者，講師

Samantha Broderick 和 Steve Broderick　家長

Marge Foran　牙科專家，認證口肌訓練師

Julia Franklin　語言病理學家

Kristie Gatto　語言病理學家，認證口肌訓練師，作者，講師

Rosabla Gutierrez　國際泌乳顧問

Margaret Hobson　教育顧問

Kate Jacobs　家長

Nina Ayd Johanson　語言病理學家，認證嬰兒按摩指導員，講師

Marjan Jones　綜合牙科醫師，講師

Phyllis Magelky　語言病理學家，認證口肌訓練師

Sharon Moore　語言病理學家，作者，講師

David C. Page, Sr.　功能性下頜骨科醫師，綜合牙科醫師，作者，講師

Sara Riley　認證按摩治療師，肚子時間手法（Tummy Time! Method）專業／
　　　　　教學助理

Sanda Valcu-Pinkerton　牙科醫師和口肌功能專家

Soroush Zaghi　呼吸道專科耳鼻喉科醫生，睡眠外科醫師，講師

感謝在許可情況下提供圖片、照片和影像的人士：

Kimberly DeFriez　家長，語言病理學家，資訊科技專家

Tarik DeFriez　家長，資訊科技專家

Alison Deleon　家長

Eastland Press　家長

Cristiane Fotia　家長

Anthony Fotia, Sr.　家長，藝術家

Bobak (Bobby) Ghaheri　呼吸道專科耳鼻喉科醫生

Lawrence (Larry) A. Kotlow　兒童牙科醫師，作者，講師

ARK 治療的 Rebecca Lowsky

Suzanne Evans Morris　語言病理學家，餵食專家，作者，講師

David C. Page, Sr.　功能性下頜骨科醫師，綜合牙科醫師，作者，講師

感謝 Future Horizons 出版公司的優秀人士，你們使這本書成為可能。

Jennifer、Lyn、Rose、Morgan 以及許多參與這個過程的人，謝謝你們。

前言

當我們坐下來寫《養育一個健康快樂的食客》（*Raising a Healthy, Happy Eater*）時，我們意識到父母需要紮實地了解他們的孩子將如何渡過各個發育階段，以及同樣重要的，這將如何影響他們的餵食經驗。我們是兒童餵食專家 Melanie（Mel 教練）和專注於教導健康飲食的小兒科醫生 Nimali（Yum 醫生）。

我們一起合作幫助父母，讓寶寶從出生起就走上大膽進食的道路，或者在大孩子遇到困難時輕輕地引導他們回到正軌。我們不斷地打字建構這本書的藍圖，在我們各自筆電旁的其中一個參考資料是 Diane Bahr 所寫的《沒有人告訴我（或我的母親）這些！從奶瓶及呼吸到健康言語發展的一切》〔*Nobody Ever Told Me (or My Mother) That! Everything from Bottles and Breathing to Healthy Speech Development*〕。這本書是 Mel 教練了解口腔發展的聖經，也是 Yum 醫生兒科辦公室書架上的寶貴資源。

作為每天照顧兒童的專業人士，我們欣然接受在兒童成為一個偉大食客的旅程中，早期發展有其重要性。很幸運地，我們在培訓中獲得了文獻基礎的資訊，並將其應用於每天評估和治療兒童的實務中。

不幸的是，儘管父母每天都在評估和與孩子互動，但他們可能無法接收到相同的發展資訊。父母想要資訊，而 Diane 的新書《促進嬰幼兒口腔發展的餵食技巧：父母必備指南》是當今書架上最廣泛、實證醫學的資源。爸爸媽媽們可以從中找到重要發展檢核表、關於親餵哺乳和瓶餵的專家資訊，以及在向固體食物發展之前，如果進行得不太順利，該如何解決問題。

無論父母決定親餵哺乳還是瓶餵，了解口腔發展可以幫助寶寶從第一天起就獲得成功的餵食經驗。具備像本書這樣的良好參考，父母得以在更嚴重的狀況出現之前辨別出問題，並制定解決方案。

隨著孩子進食技能方面的進步，父母必須了解發育如何塑造用湯匙餵食、用開口杯飲水、用吸管飲水以及咀嚼和吞嚥固體食物的技能。與兒童發展的許多領域一樣，及早並及時地辨別出問題是關鍵，口腔感覺動作技能和進食也不例外。進食是人類經驗中重要的一部分，我們每天在家庭生活中分享這種體驗很多次。因此，在用餐時間養育孩子享受健康食物，能使家庭生活更加平靜，壓力更小，更令人難忘。當孩子享受各種健康食物時，能讓他們走上健康身心生活的道路。

　　《促進嬰幼兒口腔發展的餵食技巧：父母必備指南》一書將 Diane 的專業眼光帶到了每個家庭中。Diane指導父母透過口腔發育，確保家中的嬰兒或幼兒以最好的方式成長發育——從一開始就進行健康的餵食發展。我們很高興與你分享來自 Diane 的最新資訊，願你和你的家人都能擁有最快樂的用餐時間。

Yum 醫生和 Mel 教練

《養育一個健康快樂的食客》合著者

導讀

身為一位工作將近 40 年的餵食和語言治療師，我見過許多兒童的健康和發展問題，與餵食和其他早期口腔經驗直接相關，包括：舌頭、嘴唇和頰繫帶、鼻竇和耳朵問題、過敏和感覺敏感、氣喘、胃食道逆流、呼吸睡眠障礙、挑食導致營養問題、延遲餵食和口腔發展，以及齒顎矯正問題。如果父母和專業人士在餵食、口腔和氣管發育方面有更多的資訊和培訓，這些諸多問題都可以避免或減少。

本書含括了我所能找到的最好的研究。在這本書中，述說了許多餵食專業人員多年來學到的祕密，一般典型的父母可能永遠聽不到這些祕密，孩子的小兒科醫生可能也不知道。雖然有許多關於親餵哺乳、兒童營養和兒童發育的書，但本書詳細介紹了餵食和口腔發展的機制，希望能有助於良好的呼吸道發育。良好的餵食技巧和適當的口腔活動對兒童的整體健康、福祉和發展至關重要。

今日的父母往往沒有鄰近的大家庭成員可作榜樣，以學習前幾代人們成功使用的餵食技巧。這些資訊在我們現代世界中不是與生俱來的，如果缺乏幫助，餵食可能會成為父母和子女間不斷重複嘗試錯誤的乏味模式。

只需問問一些父母，特別是媽媽：

1. 儘管你想親餵哺乳，但為什麼你還是選擇瓶餵而不是親餵？

2. 在找到一個適合的奶瓶之前，你試了多少支奶瓶？

3. 關於在適當的年齡和時機時要介入食物和液體，你了解多少？

4. 你們當中有多少人的孩子會挑食或選擇性地吃飯？

有關於兒童拒吃身體所需基本營養的適當食物，其中許多的恐怖故事都始於掙扎在不正確和／或不成功的早期餵食技巧。語言病理學家也發現許多語言發展緩慢的兒童，通常是有餵食問題的兒童。

本書提出的想法有助於父母和專業人士輕鬆自然地解決這些問題。為父母和專業人士提供適當的工具來餵食嬰兒和幼兒，可以減少父母的焦慮和沮喪，進而增加父母和孩子之間積極正向的互動。在 Harvey Karp 醫生所著《街上最快樂的嬰兒》（*The Happiest Baby on the Block*）一書中，說成功餵食和安撫嬰兒的父母「感到驕傲、自信和站在世界之巔！」[1]。

使用本書中介紹的簡單、適當的技巧，你將幫助你的孩子發展：

1. 可以支撐整體健康的良好口腔和呼吸道結構。

2. 可以終生使用的適當飲食技能。

只需在與孩子一起進行日常活動時，遵循書中簡單、健康的指南，便能讓你的生活更輕鬆，消除不安的猜測。這是一種沒有內疚感、無憂無慮、以成功為導向的方法，你可以樂在其中，欣然觀察孩子發展出這些驚人的技能。

給家長的重要提示：如果你在應用本書資訊時遇到困難，請洽詢餵食或其他專業人員。如果你被書中的資訊量所淹沒，請一次查詢一條適用於你和你寶寶或幼兒的資訊。

專業人士的重要提示：這本書是提供父母使用的，因此必要時，請使用它來指導與你共事的父母。此外，請隨時在教導家長和專業團體的課程中運用這本書。我們需要舉全村之力來幫助我們的現代世界，回到適當餵食和口腔發育的正軌。

1

重要發展檢核表

簡欣瑜

這本手冊將如何幫助你

良好的餵食、飲食技巧能促進口腔最佳發展，但教導父母如何餵食孩子的指引卻相當稀少。既然你本來就得餵食孩子，何不採用最適當的餵食技術，讓孩子的口腔發展贏在起跑點？

我們大部分的飲食技巧都是在人生頭兩年內習得的。你的孩子會在飲食技巧方面展現出極為快速的轉變，尤其在第一年的轉變特別快速。不過，許多父母都不清楚這些快速轉變背後所代表的意涵。透過正確的餵食技巧，你可以對這個轉變過程施予助力。

餵食就像是在跳舞，而你和孩子就是彼此的舞伴。對你與孩子來說最好的餵食方法，有可能跟別人家的做法不盡相同。這就像是在舞廳跳舞一樣，大家的舞步似乎都差不多，但你會加入一些最適合自己和孩子的變化。

本書中提出一些重要的原則，幫助你和孩子學習這場**餵食之舞**，讓學習過程變得更簡單，也更成功。同時，書中也會提到一些在餵食過程中可能會遭遇的問題。為了方便閱讀，有些內容會在多處重複出現。

發展檢核表的重要性

我們從幾種重要發展項目的檢核表開始，你可依此觀察家中嬰幼兒的進展如何。這些檢核表的結果只是平均狀況，並非絕對性的結果。每位嬰幼兒的發展歷程都是獨一無二的。

若檢核表的結果顯示你的孩子進度不如預期，本書其他章節會提供你所需的進一步資訊，包括：母乳哺餵、奶瓶餵食、湯匙餵食、杯子／吸管餵食、手指餵食、小口咬食物、咀嚼、偏食或選擇性進食等章節。

檢核表可以反應文獻紀錄中的**典型**發展進度，所以是良好的出發點。你可以據此查看自己的孩子在發展上是否有跟上進度，也可以從中找到一些對孩子發展有益的技巧。本章收錄的檢核表如下：

- 餵食與相關發展檢核表：出生至 24 個月（Feeding and Related Development Checklist: Birth to 24 Months）

- 飲食檢核表：出生至 24 個月（Food and Liquid Introduction Checklist: Birth to 24 Months）

- 監督下目的性俯臥時間至爬行階段檢核表：在發展上可能被忽視的基本連結（出生至 7 個月）

照片 1.1：Anthony（6 個月）正在吃手中和 Diane 一起拿著的葛粉嬰兒餅乾，這是他頭一次吃葛粉嬰兒餅乾。在餵食之舞中，他和 Diane 是彼此的舞伴。

〔Intentional, Supervised Tummy/Belly Time to Creeping/Crawling Checklist: A Likely Fundamental Missing Developmental Link (Birth to 7 Months)〕

- 口腔與手口反射反應檢核表（Mouth and Hand-Mouth Reflex or Response Checklists）

餵食與相關發展檢核表：出生至 24 個月 [2 3 4 5 6 7 8 9 10 11 12 13 14 15 16 17 18 19]

這一份檢核表可以幫助你評量孩子在餵食方面的發展是否符合進度。治療師能透過此檢核表取得詳細資訊，然而這種以文獻為基礎、參考各種標準所產生的資訊，多數父母卻難以取得。創建這些檢核表需要動用許多資源，在此須特別向 Suzanne Evans Morris 致謝，她提供餵食發展方面唯一一份已知的縱貫性研究——[20] 其與 Marsha Dunn Klein 合著的 *Pre-Feeding Skills: A Comprehensive Resource for Mealtime Development*（第二版）一直都是餵食方面專家學者最主要的參考書，同時也是本書重要的引據來源。[21]

若你對孩子的進食發展有疑問，請與孩子的兒科醫師以及其他合格的專業人士進行討論。

若你的孩子在出生時有下列特徵，請在旁邊的空格打勾。

剛出生：足月嬰兒（孕期達 **40** 週）	打勾處
嘴巴與喉部結構在進食時會拉近距離，形成一種保護機制。	☐
在吸吮、吞嚥、呼吸等方面的協調具功能性成熟度。	☐
母乳哺餵（最適於嬰兒健康與發展的餵食方式）；後躺餵顯得最自然。	☐
奶瓶餵食（醫療性餵食法）；若採取奶瓶餵食，建議將寶寶以跟水平成45度角的方式撐起（不是躺下）進行步調規律（由寶寶主控）的餵食。	☐
在吸奶時，舌頭包覆乳頭或奶瓶奶嘴。	☐
牙齦會漲大以輔助含乳（可能與流入牙齦的血量增加有關）。	☐
嘴唇以正確含乳方式固定在乳房或奶瓶上（母乳哺餵與奶瓶餵食時稍有不同）。	☐
營養性吸吮約每秒一次；非營養性吸吮約每秒兩次。	☐
可能有部分奶水由口中溢出。	☐
兩頰有完整頰脂墊以維持側口穩定度。	☐
有一般性的口腔嚐物行為——將手掌或手指塞入口部前端。	☐
以鼻子呼吸時很順暢。	☐
嘴巴在睡眠時及不使用時（沒有在進食、吃手、發聲）是闔上的。	☐
將舌頭抵住上顎以維持上顎形狀（正確的母乳哺餵方式有助於維持上顎形狀，安撫奶嘴或奶瓶奶嘴無法做到這點）。	☐
沒有具束縛性的口腔組織，如舌繫帶（新生兒重要的檢查項目）。	☐
有充足的監督下目的性俯臥時間以及其他肢體動作，以利適當且及時培養感覺運動能力。	☐
有典型的肢體、口部、手口反射反應（可由兒科醫師檢查）。	☐

剛出生時，寶寶的嘴巴與喉嚨的結構很靠近，因為這樣可以保護寶寶在進食時不會噎住。進食準備度是以吸吮、吞嚥、呼吸等方面的協調性來作評

估。若進食能力佳，寶寶的舌頭會包覆住乳頭或奶瓶奶嘴（而不是拱起）。寶寶的牙齦可能會漲大以輔助含乳，這一點可能與流入牙齦的血量增加有關。寶寶的嘴唇會扣住乳頭或奶瓶奶嘴。進食時，寶寶大約每秒吸一下（營養性吸吮），但有些奶水會從嘴邊溢漏而出；如果寶寶吸得更快些，比如每秒兩下，則有可能會吸不到奶（非營養性吸吮）。

足月且典型發展狀態的嬰兒（孕期達 40 週）通常具有吸吮母乳的本能（除非有舌繫帶或其他先天性的問題）。筆者認為，嬰兒在出生之際即應對其反射反應、頰脂墊（sucking pads）、鼻呼吸、束縛性口腔組織（尤其是舌繫帶）等項目進行檢查。

將剛出生的嬰兒放在母親的腹部，嬰兒通常都會朝向乳房蠕動並開始吸奶。[22][23][24] 臍帶有可能在出生後一段時間內仍連在身上且維持其脈動。[25] 吸吮母乳是正常生理現象，也是讓嬰兒在健康與發展兩方面達到最理想狀態的最佳餵

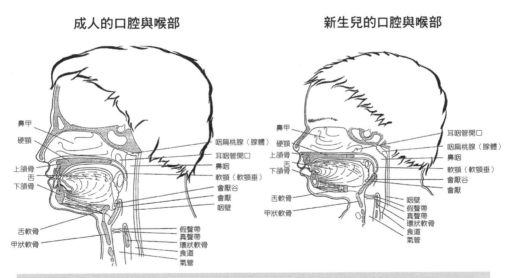

成人的口腔與喉部　　　　　　　　　　新生兒的口腔與喉部

圖 1.1：足月新生兒（孕期 40 週）的口腔與喉部在結構上與成人有顯著差異。新生兒可以馬上開始接受母乳哺餵或醫療性奶瓶餵食（若有其必要）。此圖是由藝術家 Betsy True 為 Suzanne Evans Morris 繪製，並經 Suzanne Evans Morris 同意使用。

食途徑。後躺餵應是最為自然的姿勢。若你希望採用母乳哺餵，可於需要時洽詢國際泌乳顧問認證考試委員會的認證顧問（International Board-Certified Lactation Consultant, IBCLC）與餵食專家。

接近足月（37至39週）與早產的嬰兒也能在適當協助下學會吸吮母乳。頰脂墊（嬰兒兩頰的脂肪墊）是在將近足月時才開始發展，能在吸吮母乳時維持口腔兩側必要的穩定性。將近足月的嬰兒往往都尚未發展完全，而早產的嬰兒則通常還沒長出頰脂墊。本書將針對這個問題討論因應之道，例如小心托住嬰兒臉頰。

可惜的是，有許多家庭都被鼓勵採取奶瓶餵食，尤其是當寶寶沒有一出生就採母乳哺餵時更是如此。奶瓶餵食是一種不自然、醫療性的嬰兒餵食方式，其過程跟母乳哺餵大不相同。如果你是採用奶瓶餵食，把寶寶以跟水平呈45度的角度托起時（不是躺下），一定要讓寶寶的耳朵保持在比嘴巴高的位置，這樣才能確保液體不會流入寶寶的耳咽管與中耳，進而造成耳部病變。進行奶瓶餵食時，建議步調要規律（由寶寶主控）。請參閱本書關於親餵與瓶餵的章節。

寶寶會把自己的手掌或手指塞入口中（一般性口腔嚼物行為）。當寶寶不是在進食、吸手指／手掌、發聲時，嘴巴應該要是闔上的。嘴巴闔上時寶寶的舌頭會抵住上顎，讓上顎的形狀維持在典型的寬闊狀態。這時寶寶是用鼻子呼吸，而這一點對寶寶的健康至關緊要。反之，用嘴巴呼吸非常不健康。[26 27 28 29 30] 正確的母乳哺餵方式對維持上顎形狀也有幫助。

此外，寶寶的口中不應該要有束縛性的口腔組織，比如舌繫帶。如果寶寶有舌繫帶，就沒辦法抵住上顎，讓上顎維持寬闊的形狀，反而會讓上顎變得既高又窄，因而導致鼻腔變小，妨礙對健康有益的鼻式呼吸。

寶寶還需要充足的監督下目的性俯臥時間，以及其他的肢體動作，以利其感覺運動能力得到適當且適時的發展。發展出控制身體姿勢的能力是進行任何動作的基礎，能促使寶寶發展出翻身、坐起等能力，進而習得進階手、眼、口部運用能力（吃、喝、牙牙學語、視力運用、自行進食等）。

新生兒擁有三種手口反射反應以及七種口部反射反應，此外也有全身反射反應，可交由兒科醫師或其他合格的專業人員進行檢查。所有的反射反應對於姿勢（或身體）控制與進食能力的發展都有其重要性。

三種手口反射反應為**掌頜反射**（palmomental）、**巴布金反射**（Babkin）、**抓握反射**（grasp），這些反射幫助寶寶在進食時維持手與口的協調合作。七種口部反射為**尋乳反射**（rooting）、**吸吮反射**（suckling）、**舌頭外推反射**（tongue extrusion）、**吞嚥反射**（swallowing）、**階段性咬合反射**（phasic bite）、**舌頭橫向反射**（transverse tongue）、**作嘔反射**（gag），這些反射對進食有幫助。出生後，寶寶會在舌根四分之三處開始產生作嘔反射反應，這項機制可以保護寶寶不至於吞下太大的物體。本章末提供三種手口反射與七種口部反射表格，以供參考。

若你的孩子在 1 個月時有下列特徵，請在旁邊的空格打勾。

1 個月	打勾處
開始發展尋乳反射的控制能力（尋乳導致吸吮）。	☐
輕易以口尋得乳頭。	☐
以連續兩次或更多次的吸吮，自奶瓶或乳房吸出稀薄液體。	☐
可能會從嘴角溢奶。	☐
有一般性的口腔嚐物行為──將手掌或手指塞入口部前端。	☐
口、鼻、喉等部位成長變化。	☐
以鼻子呼吸時很順暢。	☐
嘴巴在睡眠時及不使用（沒有在進食、吃手、發聲）時是闔上的。	☐
將舌頭抵住上顎以維持上顎形狀（正確的母乳哺餵方式有助於維持上顎形狀，安撫奶嘴或奶瓶奶嘴無法做到這點）。	☐

1 個月	打勾處
沒有具束縛性的口腔組織，如舌繫帶。	☐
有充足的監督下目的性俯臥時間以及其他肢體動作，以利適當且及時培養感覺運動能力。	☐
能模仿某些口部運動（張嘴、吐舌頭），並能與你聲音的高低長短相配合。31	☐

1 個月時，寶寶已經可以輕易用嘴巴找到乳頭或奶瓶的奶嘴，此時已發展出控制尋乳反射的能力。尋乳反射在採母乳哺餵時比採奶瓶餵食時更常出現，除非採用的是步調規律（由寶寶主控）的奶瓶餵食方式。接受母乳哺餵的嬰兒利用尋乳反射尋找母親的乳頭，而接受奶瓶餵食的嬰兒常常是口中被塞入奶瓶的奶嘴，所以不怎麼使用尋乳反射，除非是採用建議的步調規律（由寶寶主控）的奶瓶餵食方式。寶寶現在已經有良好的吸吮─吞嚥─呼吸協調，可以一次吸兩下（或更多下）母奶或配方奶，但可能仍會由口中溢出些許乳汁。

寶寶在口、鼻、喉等部位持續呈現成長與變化。寶寶會把手掌或手指塞入口部前端（一般性的口腔嚼物行為）。寶寶此時應該已能順暢地以鼻子呼吸，且嘴巴在睡眠時及不使用（沒有在進食、吃手、發聲）時應該是闔上的。寶寶的舌頭應該抵住上顎以維持上顎形狀。正確的母乳哺餵方式有助於維持上顎形狀，但安撫奶嘴或奶瓶奶嘴無法做到這點。寶寶口中不應有具束縛性的口腔組織，比如舌繫帶。

此外，寶寶須有充足的監督下目的性俯臥時間以及其他肢體動作，以利適當且及時培養感覺運動能力，為進食與將來學說話時必要的姿勢控制能力打下基礎。寶寶已經能模仿某些口部運動（張嘴、吐舌頭），並能與你聲音的高低長短相配合。這或許代表**鏡像神經元**（mirror neurons）已經開始運作，使寶寶開始有能力模仿你的一舉一動。

若你的孩子在 2 至 3 個月時有下列特徵，請在旁邊的空格打勾。

2 至 3 個月	打勾處
開始發展吸吮反射的控制能力（非營養性；舌頭前後移動；每秒大約兩次）。	☐
嘴巴開始改變形狀，舌頭開始在口中呈現更多有目的性的移動。	☐
不間斷吸吮（sucking）奶瓶或乳房的時間變長。	☐
兩手靠攏（也有可能自出生即有此行為）。	☐
有一般性的口腔嚙物行為——俯臥（約 2 個月時）或仰臥（約 3 個月）時將手掌塞入口部前端。	☐
口、鼻、喉等部位成長變化。	☐
以鼻子呼吸時很順暢。	☐
嘴巴在睡眠時及不使用（沒有在進食、吃手、發聲）時是闔上的。	☐
將舌頭抵住上顎以維持上顎形狀（正確的母乳哺餵方式有助於維持上顎形狀，安撫奶嘴或奶瓶奶嘴無法做到這點）。	☐
沒有具束縛性的口腔組織，如舌繫帶。	☐
有充足的監督下目的性俯臥時間以及其他肢體動作，以利適當且及時培養感覺運動能力。	☐
以眼神追隨父母或照顧者的舉動，並對言語出聲反應。	☐

2 至 3 個月時，寶寶開始發展出對吸吮反射的控制。寶寶吸吮不間斷的時間變得更長，嘴巴開始改變形狀，舌頭則開始在口中呈現更多有目的性的移動。你也開始觀察到在餵食時寶寶會將兩手靠攏，可能是放在媽媽的乳房上，也可能是放在奶瓶上。2 個月時寶寶會在俯臥時吃手，到 3 個月寶寶在仰臥時也會開始吃手。這個過程稱為一般性的口腔嚙物行為，因為寶寶用口腔前端含住或吸吮手掌，寶寶在胎內時也會這樣做。

照片 1.2：鼻式呼吸對每個階段寶寶的整體健康、進食、口部、呼吸道發展都是非常重要的。

Grayson（2.5 個月）以鼻子呼吸，嘴巴穩穩地闔上。

Rylee（3 個月）鼻子呼吸順暢，眼部區域寬闊，嘴唇線條平直，顯示其上呼吸道與下顎發展良好。

　　在母乳哺餵或奶瓶餵食方面遭遇困難的嬰兒，往往在 6 至 8 週時隨著吸吮—吞嚥—呼吸協調提升而有顯著改善。你可能必須跟國際泌乳顧問認證考試委員會的認證顧問及／或餵食治療師合作才能達成這一點。餵食治療師通常是指專精於餵食領域的語言治療師或職能治療師。

　　寶寶的口、鼻、喉等部位持續在成長變化。寶寶此時應該已能順暢地以鼻子呼吸，且嘴巴在睡眠時及不使用（沒有在進食、吃手、發聲）時應該是闔上的。寶寶的舌頭應該抵住上顎以維持上顎形狀。正確的母乳哺餵方式有助於維持上顎形狀，但安撫奶嘴或奶瓶奶嘴無法做到這點。寶寶口中不應有具束縛性的口腔組織，比如舌繫帶。

　　此外，寶寶須有充足的監督下目的性俯臥時間以及其他肢體動作，以利適當且及時培養感覺運動能力。良好的姿勢控制會為進食與說話等更進階的動作能力打下基礎。寶寶可能開始以眼睛追隨你的一舉一動並出聲回應，再次顯示寶寶腦中的鏡像神經元可能已開始運作。鏡像神經元使寶寶得以模仿你的一舉一動。

若你的孩子在 3 至 6 個月時有下列特徵，請在旁邊的空格打勾。

3 至 6 個月	打勾處
發展	
舌頭外推與巴布金反射似乎在 3 至 4 個月時開始消退。	☐
尋乳反射似乎逐漸消失。3 至 6 個月的寶寶常常不需倚靠尋乳反射就能找到乳頭。	☐
第三唇（third lips）在 3 至 6 個月時消失。所謂第三唇即牙齦處的輕微腫脹，有可能與血液供給增加有關。	☐
作嘔反射在 4 至 6 個月、累積了適當的口腔嚐物與餵食經驗後獲得控制。	☐
在 5 至 9 個月足以咬與咀嚼食物時，階段性咬合反射的控制開始獲得發展。	☐
鏡像神經元在餵食時扮演要角。	☐
4 至 6 個月時，頭顱與下顎的成長以及頰脂墊逐漸縮小，口、喉、鼻等部位的空間持續擴大。	☐
4 至 6 個月時，開始發展對嘴唇的控制以及嘴唇動作。	☐
寶寶開始學會獨立運用下顎、嘴唇、臉頰、舌頭的肌肉。	☐
開始區別性口腔嚐物：5 至 9 個月時，用嘴巴探索手指與適合的玩具。	☐
約 6 個月時，隨著咀嚼、咬、區別性口腔嚐物等方面經驗增加而開始長牙。	☐
透過口部結構的開闔（就像閥門的啟閉那樣）維持適當的口內壓力。	☐
以鼻子呼吸時很順暢。	☐
嘴巴在睡眠時及不使用（沒有在進食、吃手、發聲）時是闔上的。	☐
將舌頭抵住上顎以維持上顎形狀（正確的母乳哺餵方式有助於維持上顎形狀，安撫奶嘴或奶瓶奶嘴無法做到這點）。	☐
沒有具束縛性的口腔組織，如舌繫帶。	☐
有充足的監督下且有目的性俯臥時間以及其他肢體動作，以利培養進行翻身、坐起、進食、發聲等動作時必要的姿勢控制能力。	☐

餵食	
母乳哺餵與奶瓶餵食	
吸吮—吞嚥—呼吸協調在 3 至 4 個月時得到改善。	☐
可不間斷連續吸奶 20 下或更多下（母乳哺餵與奶瓶餵食的嬰兒間可能有所差異）。	☐
3 至 4 個月時僅偶爾咳奶或嗆奶。	☐
3 至 4 個月時，若看到奶瓶可認出那是什麼。	☐
3 至 4 個月時，會以手拍打奶瓶或媽媽的乳房。	☐
約 4 個月時會拿東西塞入口中。	☐
約 4 個半月時，會把手放在奶瓶上，約 5 個半月時，會以單手或雙手握住奶瓶。採奶瓶餵食時，寶寶的身體須呈 45 度（不是躺下），以免液體流入耳咽管。	☐
使用開口杯／吸管	
4 至 6 個月時，寶寶已經可以嘗試使用開口杯；開口杯由父母或照顧手持。	☐
改用開口杯餵食時可能會觀察到舌頭外推反射反應（吐出舌頭與杯接觸或將舌頭伸到杯子之下）。這通常會在寶寶 4 至 6 個月時、習慣在杯緣把嘴唇閉攏後得到解決。	☐
約 6 個月時，學會由父母或照顧者手持的開口杯中啜飲。	☐
在約 6 個月時，也可能學會從附吸管的擠壓瓶進食。	☐
湯匙餵食與手餵食	
約 6 個月時，已經可以食用軟質的嬰兒餅乾、嬰兒麥片，以及用湯匙吃很小口、軟爛的泥狀或搗得極碎的食品。	☐
一開始可能會觀察到舌頭外推反射（用舌頭把食物向外推）。這通常會在寶寶習慣用嘴唇閉攏湯匙後得到解決（約 6 個月時）。	☐
約 6 個月時，學會在湯匙送過來時維持舌頭和下顎靜止不動。	☐
約 6 個月時，會透過有規律的咬合反射或咀嚼，咬並嚼食父母或照顧者手持的軟質嬰兒餅乾。	☐

湯匙餵食與手餵食	
約 6 個月時，當食物置於一側牙齦上，會以舌頭側轉的方式咀嚼食物。	☐
約 6 個月時，會以吸食的方式吞嚥食物與液體。	☐

發展（3 至 6 個月）

在 3 至 6 個月時，寶寶會在生理結構與進食能力兩方面經歷許多變化。你會發現寶寶的舌頭外推反射與巴布金反射在 3 至 4 個月時開始消退，也會發現寶寶在 3 至 6 個月時較少出現尋乳反射。這些反射看似逐漸在消失，但並不會真的消失無蹤。寶寶腦中掌管動作的區域正在發展，並且接手掌控動作，所以反射反應就顯得沒有必要了。也正因如此，寶寶已經可以不經尋乳反射就找到乳頭。寶寶的第三唇（牙齦處在進食時會出現的輕微腫脹，可能有助於含住乳房或奶瓶）似乎也逐漸消失。

4 至 6 個月時，作嘔反射會在更接近舌根處受刺激時才出現，這是由寶寶在口腔嚐物與餵食方面的新經驗促成的。寶寶開始把適當的玩具送入口中囓咬，例如：Beckman TriChews、Baby Grabber（ARK Therapeutic 出品）；Baby Mouth Toys（Chewy Tubes 出品），或其他使用檢驗合格材料所製作的嬰兒用咬舐玩具。

母乳哺餵的嬰兒在整合作嘔反射時有一項獨特的優勢。如果寶寶是以正確的方式母乳哺餵，乳頭是被寶寶深深吸入口中，因此有助於將觸發作嘔反射的區域往舌根移動。隨著寶寶逐漸能控制嘴巴的空間與運動，作嘔反射就不需要再像先前那樣在舌頭前端開始觸發。然而，它還是會保護寶寶免於吞下太大的東西。當然，在給寶寶玩具和食物時，你仍然需要注意其大小是否適當。

鏡像神經元（讓寶寶能模仿你的一舉一動）在進食與其他活動中都扮演關鍵要角。因此，寶寶出生後就為他樹立好榜樣是非常必要的——包括你的

照片 1.3：Anthony（4個月）在口腔按摩時舔咬 Infa-Dent 牙刷。坎農（6.5 個月）正獨自咬著 Beckman Tri-Chew。兩個寶寶都有良好的手口協調。

舉止、言語、社交互動等。當你給寶寶食物與飲料時（自 6 個月起），你必須盡可能與寶寶一同吃喝，這點極為重要。寶寶懂的比你想像的還多，所以你必須在跟寶寶說話與互動時作個好榜樣，以幫助寶寶建立持續一生的飲食與社交互動模式。

在 5 至 9 個月時，寶寶會開始用嘴巴探索玩具與自己的手指。在這樣的探索中，嘴巴就像是寶寶的**第三隻手**，能提升以嘴巴的辨別能力，對於飲食與說話的能力都是必要的。根據 Suzanne Evans Morris 和 Marsha Dunn Klein 的說法，人體每平方英寸感覺接受器最密集的兩個部位，就是手與口。[32]

另外，在 5 至 9 個月時，寶寶的階段性咬合反射也會隨著咬與咀嚼經驗的累積而受到控制。在差不多 6 個月時，隨著充足的咬與咀嚼經驗，寶寶開始長牙。咬與咀嚼的過程會促進下顎、嘴唇、臉頰、舌頭等肌肉的發展，對長牙也有促進效果。在筆者的經驗中，沒有咬、咀嚼過適當玩具與食物的嬰兒，在牙齒發展上往往都比較遲緩，其下顎、嘴唇、臉頰、舌頭等方面的問題也比較多。

3 至 6 個月時，寶寶的口、喉、鼻等區域空間開始擴大，上顎（口腔頂端）、鼻腔、鼻竇、喉嚨等部位都正在發展。寶寶口中空間增加的原因是因為頭顱與下顎都在成長，而頰脂墊正在逐漸縮小（4 至 6 個月之間）。此外，寶寶對嘴唇與臉頰的控制也會提升，進食與說話都需要嘴唇與臉頰協調合作。

　　寶寶正在學習讓口中各個結構獨自運動。舉例來說，寶寶開始學會在不動下顎的情況下，活動舌頭、嘴唇、臉頰。治療師稱之為**分解**（dissociation）。這個過程使得寶寶能控制口部結構的開闔，就像閥門的啟閉那樣。

　　透過這樣的開闔運動，寶寶學會控制口中的壓力變化──治療師稱之為**口內壓力**（intraoral pressure）。嘴巴、喉嚨、食道、發聲器、呼吸系統等其實都是有閥門與壓力變化的系統。你還會觀察到寶寶控制嘴巴的運動，使其恰好能配合自己正在進行的活動程度──治療師稱之為動作的**分級**（grading）。解離、動作分級、開闔運動等過程有助於發展出成熟的飲食與說話能力。

　　隨著口、鼻、喉等部位的成長變化，寶寶此時應已能順暢地以鼻子呼吸。寶寶的嘴巴在睡眠時及不使用（沒有在進食、吃手、發聲）時應該是闔上的。寶寶的舌頭應該抵住上顎，以維持上顎寬闊的形狀。寶寶口中不應有具束縛性的口腔組織，比如舌繫帶。寶寶也需要有充足的監督下目的性俯臥時間以及其他肢體動作，以奠定姿勢控制能力的基礎，這對所有肢體活動能力發展都是必要的，包括進食與發聲。

照片 1.4：嬰兒的嘴巴、呼吸道、臉部特徵在最初 6 個月會因為下顎與其他部位的成長而發生顯著變化。在大約 6 個月時，寶寶已經可以開始學習合乎規範的進食技巧。

Anthony 剛出生時　　　　Anthony 4 個月時　　　　Anthony 6 個月時

餵食（3至6個月）

3至4個月時，寶寶在看到乳房或奶瓶時已經可以認出那是什麼，會用手拍打奶瓶或乳房。寶寶的吸吮—吞嚥—呼吸協調有大幅改善，你只會偶爾聽到寶寶因為吸吮—吞嚥—呼吸協調沒控制好而嗆奶。寶寶可以不間斷連續吸吮乳房或奶瓶20次或更多次，但這點在母乳哺餵與奶瓶餵食的寶寶身上可能會呈現些微差異。請參閱討論親餵與瓶餵差異的章節。

若將寶寶的身體以傾斜45度的角度來餵食（不是躺下），你將發現寶寶在大約4個半月時會將手放在奶瓶上，到5個半月時則會握住奶瓶。到6個月時，寶寶的嘴巴與消化系統已經可以接受軟質的嬰兒餅乾、嬰兒麥片、泥狀或搗得極碎的食物。你可以跟寶寶的兒科醫師諮詢何時可以開始吃副食品。若兒科醫師表示你的寶寶需要補充鐵質，市面上有販售添加鐵質的嬰兒麥片。

世界衛生組織（World Health Organization, WHO）建議最初6個月應該完全採母乳哺餵，以讓新生兒的健康、成長、發展都達到最高水準。母乳哺餵可以持續到2歲，在某些特例中甚至可以持續更久。寶寶6個月時可以開始接觸適當、營養的副食品。[33][34] 這些原則跟美國兒科學會（American Academy of Pediatrics, AAP）的建議相符。不過，對於有特殊需求的幼兒，如果他們是來自食物安全無虞的已開發國家，有時候兒科醫師可能會建議他們在6個月之前就開始接觸副食品。

4至6個月時，寶寶已經可以嘗試從你所持握的開口杯喝奶（母奶或配方奶）。改用開口杯餵食時，你可能會觀察到舌頭外推反射（吐出舌頭與杯接觸或將舌頭伸到杯子之下），但這通常會在寶寶習慣在杯緣把嘴唇閉攏後得到解決。在約6個月時，寶寶學會由你手持的開口杯中啜飲。

此外，寶寶通常在6個月時學會坐起，因而可以開始接受湯匙餵食，以及從開口杯或附吸管的擠壓瓶進食流質食物。這時可以開始用湯匙小口餵食嬰兒麥片或泥狀的食品，因為寶寶已經準備好要學習這些技巧了。事實上，搗成泥狀的適當食物或加水稀釋的嬰兒麥片可以協助你教導 6 個月的寶寶如何以開口杯或吸管進食，開始時可用附吸管的擠壓瓶作為吸管餵食的訓練。湯匙餵食、開口杯餵食、吸管餵食，還有其他的餵食方式將在第 4 章作更詳盡的討論。

大約 6 個月時，寶寶的嘴巴已經可以接受以湯匙餵食嬰兒麥片以及小口且軟爛的泥狀或搗得極碎的食品。一開始你可能會觀察到舌頭外推反射反應（用舌頭把食物向外推），但這通常會在寶寶習慣用嘴唇閉攏湯匙後得到解決。約 6 個月時，寶寶還能學會在湯匙送過來時維持舌頭和下顎靜止不動。

5、6 個月時，寶寶仍會用吸吮的方式吞嚥食物。像成人那樣成熟的吞嚥方式（吞嚥程序由舌尖抵住上顎門齒後方的隆起處開始）要等到 11、12 個月時才會出現。隨著 3 至 6 個月時咬與咀嚼適當玩具的行為逐漸增加，寶寶到 6 個月時已經準備好接受軟質的嬰兒餅乾了（例如葛粉餅乾）。寶寶會用規律的咬合反射或咀嚼模式來咬父母或照顧者手中的餅乾。如果把一小塊餅乾或軟質食物置於寶寶一側牙齦上，你可能會觀察到寶寶以舌頭側轉的方式咀嚼食物，這代表寶寶的下顎在咀嚼過程中進行側向對角移動，然後又回到中央。

環狀旋轉咀嚼（下顎運動呈圓形或淚滴形）是成人咀嚼食物的方式，寶寶會在 2 至 3 歲時學會這項技巧。雖然你在寶寶 6 個月時才剛開始給予副食品，但寶寶很快就能開始接受小口、軟質、濃厚的泥狀食物或麥片，以及軟質的嬰兒餅乾。

若你的孩子在 6 至 12 個月時有下列特徵，請在旁邊的空格打勾。

6 至 12 個月	打勾處
發展	
吸吮反射這種不隨意反射似乎在 6 至 12 個月時逐漸消失。	☐
6 至 9 個月時，作嘔反射在舌頭根部三分之一處開始產生，僅次於進食與口腔嚐物的經驗。[35]	☐

發展	
6 至 8 個月時，舌頭橫向（側向）反射開始獲得控制。	☐
9 至 24 個月時，舌頭橫向（側向）反射似乎逐漸消失。	☐
5 至 9 個月時，階段性咬合反射逐漸獲得控制，6 至 11 個月時下顎側向對角移動漸增。	☐
9 至 12 個月時，階段性咬合反射似乎逐漸消失。	☐
約 8 個月時，抓握反射似乎逐漸消失。	☐
鏡像神經元在餵食時扮演要角。	☐
下顎兩顆門牙（正中門齒）在 6 至 10 個月時開始生長。	☐
上顎兩顆門牙（正中門齒）在 8 至 12 個月時開始生長，可以將食物自下唇移除。	☐
下顎側門齒在 10 至 16 個月時開始生長。	☐
上顎側門齒在 9 至 13 個月時開始生長。	☐
鼻式呼吸對所有年齡階段都很重要。	☐
餵食	
6 至 9 個月時，以舌頭和下顎上下運動的方式自乳房及／或奶瓶吸食奶水。	☐
6 至 12 個月，自乳房及／或奶瓶吸取奶水時，吸吮、吞嚥、呼吸的時間較長。	☐
6 至 12 個月時，學會處理多種不同口感的食物與流質食物，也較少倚賴母乳哺餵與奶瓶餵食。詳見下一節「飲食檢核表：出生至 24 個月」。	☐
使用開口杯／吸管	
5 至 7 個月時可以從開口杯喝流質食物，但一開始下顎動作較大。	☐
6 至 8 個月時，下顎的控制有改善，可以從開口杯連續吸一至三下。	☐
約 8 個月時，從開口杯進食期間舌頭有上下運動。	☐
9 至 15 個月時，從開口杯進食可以連續吸一吞超過三下。可以開始使用深蓋杯（recessed-lid cup，跟開口杯類似）。	☐

使用開口杯／吸管	
6 至 12 個月時學會從吸管吸食流質食物。	☐
6 至 12 個月時可以正確使用吸管連續吸三下以上。	☐
湯匙餵食	
6、7 個月時，從湯匙接受食物前會看著湯匙，並維持嘴巴不動。	☐
6 至 8 個月時，會往前和往下運動上唇以將食物自湯匙移入口中。	☐
6 至 12 個月時，會在湯匙離開後將下唇往內移動。	☐
約 8 個月時會在吞嚥時闔上嘴唇。	☐
約 9 個月時會抓住湯匙或敲打湯匙，9 個半月大時會模仿以湯匙攪拌的動作。	☐
約 11 個月時，從湯匙吸取食物時舌頭會上下運動。	☐
手指餵食	
6 至 8 個月時，可以用握在手中的方式拿起小塊食物，並能用手將軟質的嬰兒餅乾送入口中。	☐
8、9 個月時，可以將小塊食物從一隻手遞給另一隻手。	☐
9 至 12 個月時，可以運用拇指與食指拿起小塊食物，不再需要以整個手掌握住。	☐
囓咬與咀嚼	
約 6 個月時，咬與咀嚼時下顎開始以配合食物形狀與大小的方式運動。	☐
約 6 個月時，單側咀嚼時嘴唇與當側臉頰會變緊以便固定食物。	☐
6 至 9 個月時，咀嚼時嘴唇也會跟著動。	☐
8 至 11 個月時，若嘴唇沾有食物會稍微向內移動，咀嚼側的嘴角與臉頰向內移動。	☐
8 至 12 個月時，在咀嚼時上唇會往前和往下運動。	☐
8 至 18 個月時，會利用臉頰控制與移動食物，嘴唇與臉頰也會協調合作。	☐

齧咬與咀嚼	
9 至 21 個月時，會往內移動下唇，利用上門齒移除食物。	☐
6 至 9 個月時會上下咀嚼食物。	☐
6 至 9 個月時，會上下咬與咀嚼軟質餅乾；6 至 19 個月時則會上下咬與咀嚼硬質餅乾。	☐
6 至 9 個月時，會在食物所處的一側以舌頭側轉的方式咀嚼食物。	☐
7 至 12 個月時，會控制對軟質餅乾的齧咬動作；11 至 24 個月時則會控制對硬質餅乾的齧咬動作。	☐
6 至 9 個月時，舌頭隨下顎上下運動，開始會旋轉或移位舌頭伸向有食物那一側的牙齦。	☐
7 至 11 個月時，在吸吮時舌頭開始有獨立於下顎的運動；7 至 12 個月時開始會把舌頭中央的食物移往口腔兩側。	☐

發展（6 至 12 個月）

　　6 到 12 個月這段期間，寶寶會在能力方面經歷許多改變。出生即有的不隨意反射——吸吮反射，似乎在 6 至 12 個月時逐漸消失。6 至 9 個月時，寶寶的作嘔反射趨於成熟，觸發區移至舌頭根部三分之一處開始。這個改變來自於許多因素，包括：母乳哺餵，透過適當的玩具、物品、手指進行口腔嚙物，以及累積的許多新餵食經驗等。成人的作嘔反射觸發區則是在舌頭根部四分之一處開始。

　　6 至 8 個月時，寶寶開始發展對舌頭橫向（側向）反射的控制，但這項反射反應要到 9 至 24 個月時才會逐漸消失。5 至 9 個月時，寶寶因為齧咬食物並經常運用側轉運動咀嚼，而發展出對階段性咬合反射的控制。9 至 12 個月時，階段性咬合反射似乎逐漸消失。你會注意到寶寶口部的多數反射都逐漸獲得控制，隨著寶寶開始以嘴巴探索適當物品與玩具、飲食、發聲（發出咕咕聲、牙牙學語），這些反射也似乎逐漸消失無蹤。大約 8 個月時，寶寶的抓握反射看似也一併消失。

鏡像神經元在進食與其他活動中都扮演關鍵要角。因此，寶寶出生後就為他樹立好榜樣是非常必要的，包括你的舉止與社交互動。當餵食寶寶時，你必須盡可能陪寶寶一同吃飯或吃零食，這點極為重要。家人一起進食對你和寶寶都是重要的經驗。寶寶懂的比你想像的還多，所以你必須在跟寶寶說話與互動時作個好榜樣，以幫助寶寶建立持續一生的飲食與社交互動模式。筆者在臨床上發現，兒童如果發現其他人不陪他們一起做，他們就會不想再繼續做這件事。這種情況似乎從 1 歲便已開始。

照片 1.5：Cannon（6.5 個月）認為腳趾也很好吃！

隨著寶寶一邊探索、咬、咀嚼玩具與食物，牙齒也在這個時期開始生長。寶寶必須咬、咀嚼東西才能長牙。下顎兩顆門牙（正中門齒）通常在 6 至 10 個月時開始生長，而上顎兩顆門牙（正中門齒）則是在 8 至 12 個月大時開始生長，可以將食物自下唇移除。下顎側門齒在 10 到 16 個月時開始生長，上顎側門齒則在 9 至 13 個月時開始生長。鼻式呼吸對所有年齡階段都很重要。

餵食（6 至 12 個月）

寶寶會持續自乳房及／或奶瓶吸食奶水，且此時吸吮—吞嚥—呼吸協調動作的時間變長。吸吮時寶寶的舌頭與下顎會上下運動（而非前後運動）。寶寶也在這個階段學會處理多種不同口感的食物與流質食物。詳見下一節「飲食檢核表：出生至 24 個月」。

你可以在寶寶 5 至 7 個月時開始使用開口杯，讓寶寶一次一口啜飲流質食物（由母奶或配方奶開始）。6 至 8 個月時，寶寶已經可以從開口杯連續吸一至三下。到了 8 個月時，寶寶在以開口杯餵食時舌頭和下顎會上下運動。在 9 至 15 個月時，寶寶已經可以從開口杯連續進行協調性的吸—吞三個循環以上。至此也可以開始使用深蓋杯（recessed-lid cup，與開口杯相似，但有蓋）。6 至 12 個月時，寶寶可以開始學習以吸管進食，一開始可以利用附吸管的擠壓瓶（straw-bottle）進行訓練。教導和學習使用開口杯與吸管的進一步資訊可參閱第 4 章。**不建議使用吸管杯**（sippy cup，亦稱 spouted cup），因為使用這種杯子吸食的方式往往跟吸奶瓶頗為相似。吸管杯的吸管會把舌尖往下壓，但成熟的吞嚥方式（約 11 個月起）卻需要讓舌尖往上抬。這種杯子還會導致液體滯留在口腔內，進而引起蛀牙。[36][37][38][39]

大約 6 個月時，寶寶可以開始學習湯匙餵食。6、7 個月的寶寶會在湯匙接近嘴巴時看著湯匙，並且讓嘴巴停下來不動。6 至 8 個月時，寶寶會往前和往下運動上唇，以將食物自湯匙移入口中。6 至 12 個月時，寶寶會在湯匙離開嘴巴後將下唇往內移。約 8 個月時，會在吞嚥時閉上嘴唇。約 9 個月時，會抓住湯匙或敲打湯匙，9 個半月時則會模仿以湯匙攪拌的動作。到 11 個月時，可以觀察到寶寶將食物從湯匙吸入口中時，舌頭會上下運動（獨立於下顎的運動）——這就是成人成熟吞嚥方式的開端。

6 至 8 個月時，寶寶已經可以用握在手中的方式拿起小塊食物，並用手將軟質嬰兒餅乾送入口中。到了 8、9 個月時，寶寶可以將食物從一隻手遞給另

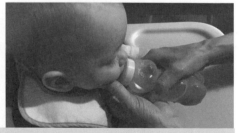

照片 1.6：Cannon（6.5 個月）被輕托著下顎，學習從小型粉紅色的剪口杯（cut-out cup）進食。他也被溫柔地托著臉頰，學習從 Talk- Tools 附吸管擠壓瓶進食。

照片 1.7：6 個月的 Anthony 與 Cannon 學習湯匙餵食。Anthony 的下巴被托著，並有良好的手口連動；Cannon 與餵食者彼此溫馨對視。他們都是接受 Sara Rosenfeld-Johnson 與 Lori Overland 的側面湯匙餵食法。

一隻手，而到 9 至 12 個月時，還能運用拇指與食指拿起小塊食物，不再需要以整個手掌握住。

　　大約 6 個月時，寶寶在咬與咀嚼時下顎開始以能配合食物形狀與大小的方式運動。寶寶的嘴唇與臉頰也會在咀嚼時變緊以固定食物。6 至 8 個月時，咀嚼時嘴唇也會跟著動，若嘴唇沾有食物也會稍微向內移動。8 至 11 個月時，咀嚼側的嘴角與臉頰向內移動。8 至 12 個月時，寶寶在咀嚼時上唇會往前和往下運動。8 至 18 個月時，寶寶會利用臉頰控制與移動食物，嘴唇與臉頰也會協調合作。9 至 21 個月時，寶寶會往內移動下唇，利用上門齒移除食物。

照片 1.8：Anthony（6 個月）正在吃軟質葛粉餅乾，展現出良好的手口連動。在許多西化文化中，6 個月幼兒的餵食方式包括：以手抓握食物、開口杯與吸管餵食、湯匙餵食等。在其他文化中則可能以手或其他器具為主要餵食工具。

　　6 至 9 個月時，寶寶可能會以上下咀嚼的方式咀嚼食物。舉例來說，寶寶或許在 6 至 9 個月時能夠咀嚼軟質餅乾，而 6 至 19 個月時能夠咀嚼硬質餅乾。7 至 12 個月時，寶寶會控制對軟質餅乾的嚙咬，12 至 24 個月時則會控制對硬質餅乾的咬。6 至 9 個月時，寶寶的舌頭會隨下顎上下運動，開始會旋轉或移位舌頭伸向有食物那一側的牙齦。7 至 11 個月時，寶寶在吸吮時舌頭開始有獨立於下顎的運動。治療師稱之為**分離**（dissociation），亦即一個結構體以獨立於另一個結構體的方式運動。7 至 12 個月時，寶寶開始會把舌頭中央的食物移往口腔兩側，這就是**舌頭側送動作**（tongue lateralization）的開端，其為食物操作與控制的基礎步驟。

若你的孩子在 12 至 18 個月時有下列特徵，請在旁邊的空格打勾。

12 至 18 個月	打勾處
發展	
持續學習讓下顎、嘴唇／臉頰、舌頭獨自運動，不受彼此牽動。	☐
每個結構體的不同部分學習獨立運動（例如：舌尖開始獨立於舌頭其他部分自行運動；一邊的嘴角／臉頰在不牽動整個嘴唇的情況下伸縮）。	☐
舌頭外推（前推）反射反應越來越少，似乎逐漸消失（12 至 18 個月）。舌頭橫向（側向）反射反應越來越少，似乎逐漸消失（9 至 24 個月）。	☐
約 18 個月時能控制吞嚥反射反應。	☐
鏡像神經元在餵食時扮演要角。	☐
下顎側門齒在 10 至 16 個月時開始生長。	☐
上顎側門齒在 9 至 13 個月時開始生長。	☐
下顎第一大臼齒在 14 至 18 個月時開始生長。	☐
上顎第一大臼齒在 13 至 19 個月時開始生長。	☐
下顎犬齒在 17 至 23 個月時開始生長。	☐
上顎犬齒在 16 至 22 個月時開始生長。	☐
餵食	
12 至 36 個月時，在下顎維持在中央不動的情形下，能用舌頭將中央的食物移往一側。	☐

餵食	
自約 11、12 個月起，不時會以將舌尖舉到上顎門齒後方隆起處的方式開始吞嚥過程（可能早在 7、8 個月時就能觀察到寶寶這樣做）。	☐
9 至 21 個月時，會往內移動下唇，利用上門齒自下唇移除食物。	☐
8 至 18 個月時，會利用嘴角與臉頰的運動控制食物在口中的位置。	☐
吞嚥時可能會將嘴唇闔上。	☐
使用開口杯／吸管	
9 至 15 個月時，若以開口杯、深蓋杯、吸管進食，可以連續做三次以上的吸吮與吞嚥。	☐
約 12 個月時，若餵食用的杯子有把手，寶寶會抓住把手。	☐
約 12 個月時，寶寶會抓住開口杯，飲用時會有些許溢出。	☐
12 至 15 個月時，寶寶不再使用奶瓶，多半改為以深蓋杯、開口杯、吸管杯進食。	☐
11 至 24 個月時，可能需要咬住開口杯的杯緣以提升下顎的穩定性。	☐
湯匙餵食	
12 至 14 個月時，開始會自行用湯匙進食，但可能在送入口中之前就半途灑翻。	☐
15 至 18 個月時，會用湯匙舀食物，但在送入口中之前可能會灑出一部分。	☐
手指餵食	
約 12 個月時可以用手指進食。	☐
12 至 15 個月時，可以用拇指與食指拿起小塊食物。	☐
12 至 15 個月時，可以把小塊食物放入碗中。	☐
囓咬與咀嚼	
可以輕易用門牙囓咬軟質餅乾。6 至 19 個月時，可能得用咀嚼的方式處理硬質餅乾。11 至 24 個月時，可以控制對硬質餅乾的咬合力。	☐
可以食用切碎的食物以及非常軟的肉類，例如燉雞肉和絞肉。詳見下一節「飲食檢核表：出生至 24 個月」。	☐

囓咬與咀嚼	
咀嚼時下顎有協調性的側轉運動。	☐
咀嚼時嘴唇也會跟著動。	☐
12 至 36 個月時，咀嚼時能將食物與口水留在口中不溢漏。	☐

發展（12 至 18 個月）

　　12 到 18 個月這段期間，寶寶在進食技巧上會越來越進步。寶寶會持續學習讓下顎、嘴唇／臉頰、舌頭獨自運動不受彼此影響，也會學習讓每個結構體的不同部分獨立運動。例如：舌尖開始獨立於舌頭其他部分自行運動、一邊的嘴角／臉頰在不牽動整個嘴唇的情況下進行伸縮等。對於發展令寶寶受惠一生的成熟吞嚥模式以及有效控制食物的能力來說，這些過程至關重要。

　　舌頭外推（前推）與舌頭橫向（側向）反射變得較少出現。寶寶在大約 18 個月時能控制吞嚥反射。這個階段寶寶的牙齒也開始生長，下顎側門齒在 10 至 16 個月時開始生長，上顎側門齒則在 9 至 13 個月時開始生長。寶寶在 14 至 18 個月時長出下顎第一大臼齒，13 至 19 個月時長出上顎第一大臼齒。寶寶的犬齒則會稍晚一點才出現。下顎犬齒在 17 至 23 個月時開始生長，上顎犬齒則在 16 至 22 個月時開始生長。

餵食（12 至 18 個月）

　　12 至 36 個月時，寶寶能在下顎維持中央不動的情形下，用舌頭將嘴巴中央的食物移往一側進行咀嚼。從約 11、12 個月起，寶寶不時會以將舌尖舉到上顎門齒後方隆起處的方式開始吞嚥過程。自此你會開始觀察到寶寶發展出成熟的吞嚥模式。

　　9 至 21 個月時，寶寶會往內移動下唇，利用上門齒自下唇移除食物。8 至 18 個月時，寶寶會利用嘴角與臉頰向內運動以控制食物在口中的位置，吞

照片 1.9：Anthony（12 個月）正在用有把手的深蓋杯（左）與普通的吸管杯（右）進食。目前市面上已有販售小型的吸管杯，但這類產品往往是以較大的兒童為銷售對象。12 個月大的孩子通常已經可以用吸管杯進食。

嚥時可能會將嘴唇闔上。

　　寶寶以開口杯／吸管進食的能力會持續發展。9 至 15 個月時，若以開口杯、深蓋杯、吸管等進食，可以連續做三次以上的吸吮與吞嚥。**不建議**使用吸管杯。用這種杯子吸食的方式往往跟吸奶瓶頗為相似，會妨礙寶寶發展成熟的吞嚥方式（約自 11 個月起）。這種杯子還會導致液體滯留在口腔內，進而引起蛀牙。[40] [41] [42] [43]

　　約 12 個月時，若餵食用的杯子有把手，則寶寶會抓住把手。寶寶也開始能抓住開口杯，但還是會發生些許溢漏。12 至 15 個月時，寶寶已經可以不再使用奶瓶，但可能還需要進行母乳哺餵。建議可以向寶寶的兒科醫師求教，請對方就斷奶的過程提供指引。在這個過程中，寶寶主要會改用深蓋杯、開口杯或吸管杯進食。11 至 24 個月的寶寶在以開口杯進食時，可能需要咬住杯緣以提升下顎的穩定性。

照片 1.10：Anthony（12 個月）正在學習自己用搭配唇檔（lip bumper）的平底湯匙進食。他的手口連動一直都很出色。

　　12 至 14 個月時，寶寶開始會用湯匙自行進食，但有可能在送入口中之前就半途灑翻。15 至 18 個月時，寶寶會用湯匙舀食物，但在送入口中前還是有可能會灑出一部分。

約 12 個月時，寶寶可以用手指進食。12 至 15 個月時，寶寶已經可以用拇指與食指拿起小塊的食物，你也會觀察到寶寶把小塊食物放入碗中。

12 至 18 個月時，寶寶已經可以輕易嚙咬軟質的餅乾。6 至 19 個月時，寶寶會用上下運動的咀嚼方式處理硬質餅乾，11 至 24 個月時，寶寶就可以學會控制咬硬質餅乾的力道。另外，12 至 18 個月時，寶寶已經可以食用切碎的食物以及非常軟的肉類，例如燉雞肉或絞肉。寶寶咀嚼時下顎有協調性的側轉運動，且咀嚼時嘴唇也會跟著動。12 至 36 個月時，寶寶在咀嚼時能將食物與口水留在口中不溢漏。詳見「飲食檢核表：出生至 24 個月」。

鏡像神經元在餵食與其他活動中都扮演要角。因此，寶寶出生後就為他樹立好榜樣是非常必要的，包括：你的舉止與社交互動。當餵食寶寶時，你必須盡可能陪寶寶一起吃，這點極為重要。另外，寶寶懂的比你想像的還多，所以你必須在跟寶寶說話與互動時作個好榜樣，以幫助寶寶建立持續一生的飲食與社交互動模式。

若你的孩子在 18 至 24 個月時有下列特徵，請在旁邊的空格打勾。

18 至 24 個月	打勾處
發展	
18 個月時，對吞嚥控制良好，但在理想情況下吞嚥反射會持續一輩子。吞嚥模式一般在 7 至 36 個月這段期間趨於成熟。	☐
作嘔反射至此後通常會維持在舌根四分之一處開始產生。	☐
12 至 18 個月時，舌頭外推（前推）反射越來越少，似乎逐漸消失。9 至 24 個月時，舌頭橫向（側向）反射越來越少，似乎逐漸消失。	☐
掌頜反射在某些人身上會一直持續到成人期。	☐
鏡像神經元在餵食時扮演要角。	☐
下顎犬齒在 17 至 23 個月時開始生長。	☐
上顎犬齒在 16 至 22 個月時開始生長。	☐

發展	
下顎第一大臼齒在 14 至 18 個月時開始生長。	☐
上顎第一大臼齒在 13 至 19 個月時開始生長。	☐
下顎第二大臼齒在 23 至 31 個月時開始生長。	☐
上顎第二大臼齒在 25 至 33 個月時開始生長。	☐
持續學習讓下顎、嘴唇、臉頰、舌頭獨自運動，不受彼此影響。	☐
每個結構體的不同部分持續學習獨立運動（例如：舌尖開始獨立於舌頭其他部分自行運動；一邊的嘴角／臉頰在不牽動整個嘴唇的情況下伸縮）。	☐
餵食	
18 至 21 個月時，會想要餵媽媽、爸爸或照顧者。	☐
18 至 21 個月時，會想要洗手並擦乾。	☐
9 至 21 個月時，會往內移動下唇，利用上門齒移除食物。	☐
約 18 個月開始會在吞嚥固體食物時闔上嘴唇，但實際時間點因人而異。	☐
18 至 36 個月時，下顎的穩定度顯著提升。	☐
能夠輕易移動舌頭，以將食物集中到方便咀嚼與吞嚥的位置。	☐
11、12 個月時已開始出現像成人那樣將舌尖抬高進行吞嚥的模式，至此變得相當熟練，因此咳奶或嗆奶已經鮮少發生。	☐
使用開口杯／吸管	
在 11 至 24 個月期間可能仍然需要咬住開口杯的杯緣，以提升下顎的穩定性。	☐
可以用開口杯、深蓋杯、吸管進食。	☐
從開口杯進食時會活用嘴唇。20 至 22 個月時，可以單手握住開口杯，到 24 個月時可以不灑出來。	☐
湯匙或叉子餵食	
24 個月時，會以手心朝上的方式使用湯匙或叉子，把食物送入口中（食物仍然由父母代為插到叉子上）。	☐

嚙咬與咀嚼	
6 至 19 個月時，可能學會用上下運動的咀嚼方式處理硬質餅乾。11 至 24 個月時會控制咬硬質餅乾的力道。	☐
18 至 21 個月時可以吃切碎的食物，包括多種肉類與生菜。	☐
24 個月時，能處理多數一口大小的食物——由父母切開或自行咬至適當大小。	☐
12 至 36 個月時，咀嚼時能將食物與口水留在口中不溢漏。	☐
12 至 36 個月時，在下顎維持在中央不動的情形下，能用舌頭將中央的食物移往一側。	☐
18 至 36 個月時，舌尖能以不牽動下顎的方式清理嘴唇或臉頰內側。	☐
21 至 36 個月時，能以舌頭將口中的食物由一側移至另一側。	☐
24 至 36 個月時，能進行圓形或淚滴形的咀嚼運動。	☐
咀嚼時會把嘴唇闔上。	☐

發展（18 至 24 個月）

到了 18 個月，寶寶已經對吞嚥有良好的控制。吞嚥模式一般在 7 至 36 個月期間趨於成熟，但在理想情況下吞嚥與作嘔反射會持續一輩子。作嘔反射在舌頭根部四分之一處開始產生。到 18 個月時，舌頭外推（前推）反射通常已不復見，而舌頭橫向（側向）反射也越來越少。掌頜反射在某些人身上會一直持續到成人期。

到了 33 個月，寶寶大多數的乳牙都已長齊。下顎犬齒在 17 至 23 個月時開始生長，上顎犬齒則是在 16 至 22 個月時開始生長。下顎第一大臼齒在 14 至 18 個月時開始生長，上顎第一大臼齒在 13 至 19 個月時開始生長。下顎第二大臼齒在 23 至 31 個月時開始生長，上顎第二大臼齒則在 25 至 33 個月時開始生長。

餵食（18 至 24 個月）

到 24 個月時，寶寶已經能獨自運動下顎、嘴唇、臉頰、舌頭，不受彼此影響。如此一來，寶寶就能用跟你我一樣的方式飲食了。在 18 至 21 個月時，寶寶會嘗試餵你，還會試著洗手並擦乾。依筆者的經驗，這些行為可能早在寶寶 1 歲時便已開始。看到別人做什麼動作時，寶寶會喜歡去模仿。

如你所知，鏡像神經元在餵食與其他活動中都扮演要角。因此，寶寶出生後就為他樹立好榜樣是非常必要的，包括：你的舉止與社交互動。當餵食寶寶時，你必須盡可能陪寶寶一起吃，這點極為重要。家人一起用餐對進食能力的良好發展有重大影響。此外，寶寶懂的比你想像的還

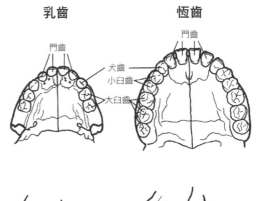

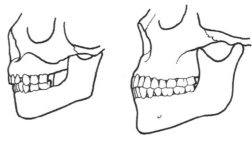

圖 1.2：乳齒與恆齒之分布
下顎、牙齒、上顎是一起發展的。口腔的頂端在人的一生中都應呈一個寬廣的 U 形。乳牙在 6 至 33 個月這段期間開始生長，及早開始咀嚼對牙齒與下顎的發展相當重要。另外，恆齒的牙蕾（tooth buds）齊全也很重要。此處內容經 Eastland Press 授權，摘自 John E. Upledger 所著 *Craniosacral Therapy II: Beyond the Dura*, p. 192。

多，所以你必須在跟寶寶說話與互動時作個好榜樣，以幫助寶寶建立持續一生的飲食與社交互動模式。

9 至 21 個月時，寶寶會在餵食中往內移動下唇，利用上門齒移除食物。約 18 個月時，寶寶開始會在吞嚥固體食物時闔上嘴唇，但實際的時間點因人而異。18 至 36 個月大時，寶寶下顎的穩定度顯著提升。下顎穩定度對飲食與說話的能力都很重要，因為嘴唇、臉頰、舌頭的肌肉都跟下顎有連結。所以，

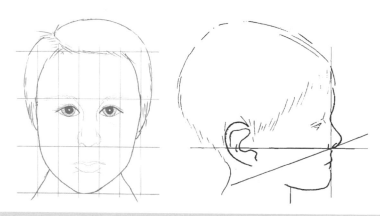

圖 1.3：寶寶的頭部、下顎、呼吸道在出生頭兩年會經歷顯著的成長，使臉部特徵平均發展。這些部位的成長，加上全身的整體發展，使寶寶開始可以像成人那樣飲食、吞嚥、説話。此處所示圖說是由藝術家 Anthony Fotia 一世為 Diane Bahr 繪製，經 Diane Bahr 同意使用。圖說的尺度比照 Char Boshart 所著 *Oral-Facial Illustrations and Reference Guide* 一書（2013）所建議。

如果下顎的運作不佳，連帶嘴唇、臉頰、舌頭的運作也很難順暢；反之，如果舌頭被舌繫帶限制住，下顎和舌頭也會難以正常生長和運作。

在 18 至 24 個月這段期間，寶寶已經可以輕易移動舌頭來將食物集中到方便咀嚼與吞嚥的位置。自 11、12 個月開始出現的、像成人那樣將舌尖抬高以進行吞嚥的模式，至此變得相當熟練，因此咳奶或嗆奶已經很少發生。寶寶在 11 至 24 個月用開口杯進食時可能還需要咬住杯緣以提升下顎的穩定性。寶寶從開口杯進食時會活用嘴唇。20 至 22 個月的寶寶可以單手握住開口杯，到 24 個月時可以不灑出來，此時寶寶已經可以用開口杯、深蓋杯及吸管進食。到了 24 個月，寶寶會以手心向上的方式使用湯匙或叉子，把食物送入口中。不過，食物仍須由你代為插到叉子上。

6 至 19 個月時，寶寶會用上下運動的咀嚼方式處理硬質餅乾，到了 11 至 24 個月時學會控制咬硬質餅乾的力道。18 至 21 個月的寶寶可以吃切碎的食物，包括多種肉類與生菜。到了 24 個月時，寶寶已能處理多數一口大小的食物——由父母切開或由寶寶自行咬下適當的大小。詳見下一節的飲食檢核表。

12 至 36 個月時，寶寶學會在咀嚼時將食物與口水留在口中不溢漏，也能在下顎維持中央不動的情形下，用舌頭將口中的食物移往一側，治療師稱之為**舌頭與下顎的分離**（tongue and jaw dissociation）以及**舌頭側送動作**。18 至 36 個月時，寶寶的舌尖能以不牽動下顎的方式清理嘴唇或臉頰內側。21 至 36 個月時，寶寶能以舌頭將口中的食物由一側移至另一側。到了 24 至 36 個月時，寶寶能進行圓形或淚滴形的咀嚼運動。此外，寶寶在咀嚼時已經能把嘴唇闔上。

飲食檢核表：出生至 24 個月

現在你已經了解餵食的機制。以下提出一些以文獻為本的原則，供你在寶寶的飲食方面作參考。[44] [45] [46] [47] 請與寶寶的兒科醫師共同討論。

照片 1.11a：Rylee（7.5 個月）用手指吃嬰兒餅乾。

照片 1.11b：Rylee 的第一個生日。她說：「我想把手插進那塊好吃的蛋糕裡面！」

若你的孩子有食用下列食物與飲料，請在旁邊的空格打勾。

出生至 24 個月	打勾處
出生至 6 個月：母奶或配方奶	
因為母奶和配方奶含有大量水分，寶寶通常無須額外攝取水分。兒科醫師可能會建議居住在炎熱、乾燥氣候下的嬰兒多喝水。不到 6 個月的嬰兒，飲水需煮沸三分鐘，然後靜置冷卻。請與兒科醫師進行討論，因為**攝取過多水分對幼兒有害**。[48]	☐

6 個月（除非孩子的兒科醫生另作指示）	
以摻母奶或配方奶的營養強化嬰兒麥片作為開始。	☐
無麩質的麥片，比如燕麥。	☐
水果泥與蔬菜泥。	☐
由你手持的開口杯啜飲水（煮沸三分鐘後冷卻）、配方奶、母奶。	☐
你和寶寶共同手持的軟質嬰兒餅乾，例如：**無麩質**的葛粉餅乾或米餅乾。	☐
從乳房或奶瓶吸食母奶或配方奶，由寶寶自行控制食量。	☐
6 至 8 個月	
磨、絞或搗到極碎的蔬菜與水果（煮到爛熟並分成小塊）。	☐
不含麩質的軟質餅乾；幼兒用磨牙餅乾。	☐
煮熟的米飯（煮至黏稠）。	☐
從開口杯或吸管杯啜飲水、配方奶、母奶。	☐
從乳房或奶瓶吸食母奶或配方奶，由寶寶自行控制食量。	☐
7 至 10 個月	
煮熟切碎的水果與蔬菜（包括罐頭水果，但柑橘類除外）。	☐
軟質起司。	☐
煮熟搗碎的豆類或豆腐。	☐
小麥與穀類產品（例如：麵包、吐司、切絲的墨西哥薄餅、餅乾、無糖乾麥片、煮到爛熟的義大利麵等）。	☐
從開口杯或吸管杯啜飲水、配方奶、母奶。	☐
從乳房或奶瓶吸食母奶或配方奶，由寶寶自行控制食量。	☐
9 至 12 個月	
切碎的柔軟熟食以及安全、切碎、柔軟的生食（例如：香蕉、去皮桃子、去皮酪梨等）。慢慢開始吃柑橘類的水果。	☐

9 至 12 個月	
煮熟的水果或切絲蔬菜。	☐
柔軟、切碎的肉類（例如：無骨燉雞肉、絞肉等，但還不要吃魚）。	☐
砂鍋燉菜搭配麵條、義大利麵或米飯。	☐
無糖麵包、吐司、餅乾、乾麥片（無巧克力）。	☐
蛋類（9 個月可吃蛋黃，12 個月可吃蛋白）與起司（軟起司條、茅屋起司、嬰兒優格）。	☐
從開口杯、深蓋杯、吸管杯啜飲水、配方奶、母奶。	☐
從乳房或奶瓶吸食母奶或配方奶，由寶寶自行控制食量。	☐
12 至 18 個月	
切碎的餐桌食物（避免圓形的食物，比如整顆葡萄或熱狗切片）。	☐
軟質肉類，包括魚肉（去骨）。	☐
餅乾（可以咬得動的）。	☐
從開口杯、深蓋杯、吸管杯飲用牛奶、水、高度稀釋的果汁或蔬菜汁（若有需要）。	☐
不再使用奶瓶，但可能仍須母乳哺餵。	☐
18 至 21 個月	
切碎的餐桌食物，包括許多肉類與生菜。	☐
可以咬得動的硬質餅乾，但可能有點辛苦。	☐
從開口杯、深蓋杯、吸管杯飲用牛奶、水、高度稀釋的果汁或蔬菜汁（若有需要）。	☐
不再使用奶瓶，但可能仍須母乳哺餵。	☐
24 個月	
可以輕易嚙咬硬質餅乾。	☐

24 個月	
咀嚼時會把嘴唇闔上且運用成熟的咀嚼模式。能處理多數一口大小的食物——由父母切開或自行咬至適當大小。	☐
從開口杯進食時會運用嘴唇（不會把舌頭伸到杯中或杯子下面）。可以用單手握住開口杯且不灑漏。	☐

當你讓寶寶嘗試新食物時，一次嘗試一種就好，間隔三到四天再嘗試另一種。注意觀察寶寶是否對這種食物有過敏反應，比如：喘鳴及／或乾咳、明顯腹痛、頻繁打嗝及／或胃食道逆流、腹瀉、任何形式的皮疹等。許多父母與兒科醫師第一次見到嬰兒食物過敏都是在嬰兒出生之後不久。過敏常以大量吐奶與明顯腸胃不適的形式顯現，而這正是兒科醫師要求父母多嘗試幾種配方奶的原因之一。

母乳哺餵的寶寶往往比較少食物過敏。不過，有些母乳哺餵的寶寶會對母親所攝取的特定食物或飲料過敏。兒科醫師與泌乳顧問（理想上須有 IBCLC 認證）常會建議母親先禁食某些食物，來看看寶寶的情況是否有改善。有關這方面的進一步訊息，可參閱 Diane Bahr 的著作《沒有人告訴我（或我的母親）這些！從奶瓶及呼吸到健康言語發展的一切》〔*Nobody Ever Told Me (or my Mother) That! Everything from Bottles and Breathing to Healthy Speech Development*〕。

給寶寶嘗試新的食物或飲料時，不要期待寶寶馬上就會愛上它的氣味、滋味、口感。回想一下你自己初次嘗試某種食物或飲料的情形，尤其是來自另一種文化的食物或飲料。你是否總是初次嘗試就喜歡上一種新食物或飲料？你的寶寶在飲食文化方面一出生就跟你有所不同，若是你給寶寶餵食配方奶則更是如此。如果寶寶是喝配方奶，可以說他打從出生開始就一直在吃同樣的東西；然而，如果你是採用母乳哺餵，寶寶則會因為媽媽飲食不同而感受到些許口味上的變化。

寶寶可能要嘗試一種新食物或飲料 10 到 15 次，才會開始覺得好吃。理解這一點很重要，因為這似乎就是造成許多寶寶挑食或選擇性進食的原因。

如果你發現寶寶在初次吃一種新食物（或飲料）時表情有異，或把食物吐出來，這有可能只是表示寶寶還不習慣它的氣味、滋味、口感。寶寶或許會在多吃幾次後喜歡上這種食物或飲料。

筆者至此已提到氣味好幾次。氣味是食物和飲料的重要特質，它能告訴我們食物或飲料是否已經腐敗了。另外，大多數人都不會想吃聞起來不合自己喜好的食物。所以，在端出一種新食物或飲料的時候，先讓寶寶聞一聞氣味，並且跟寶寶說說聞起來有多棒。同時，要注意自己提到食物與飲料時的措辭。寶寶聽得懂的比許多人想像的還多，他們也懂得肢體語言和說話音調背後的的含意。如果你不喜歡某種食物或飲料，或者你發表了寶寶不喜歡某種食物或飲料的言論，你所說的話搞不好會成為一種自我實現預言（寶寶可能會因為從你或其他餵食者身上所接受到的訊息而討厭一種食物）。你應該作一個好榜樣，陪同寶寶一起食用不同的食物或飲料，並向寶寶說說這些食物或飲料。用餐也是一種社交經驗。

一旦寶寶開始吃副食品（約 6 個月時），寶寶所有的營養需求都會隨之改變。首先，你必須記住寶寶的胃容量就跟寶寶自己的拳頭差不多大，因此，寶寶的食量遠遠比不上你的食量。在營養方面有許多優良的資料可供參酌，本書並不能取而代之。除了孩子的兒科醫師與「兒科註冊營養師」所提供的資訊之外，以下有一些可供使用的資料來源：

資料來源	網址
美國飲食協會（Academy of Nutrition and Dietetics）	www.eatright.org
美國兒科學會（American Academy of Pediatrics）	www.aap.org www.healthychildren.org
艾倫・沙特機構（Ellyn Satter Institute）	www.ellynsatterinstitute.org
營養之政府網站（Nutrition.gov）	www.nutrition.gov

　　此外，寶寶主導式斷奶已經成為一種讓寶寶接觸新食物的常見方法。目前已有許多資料在探討如何應用這項方法。依筆者之見，寶寶主導式斷奶如果適當應用，可以成為餵食過程中的重要環節。但是，筆者並不認為有必要為此排除其他在文化上有其正當性的餵食方法與能力發展過程。

　　舉例來說，湯匙餵食（如果是文化的一部分）與嘗試多種口感不同的食物（如泥狀、搗碎、混合口感的食物）能教導重要的口部發展能力，正如本書所附的兩份檢核表「餵食與相關發展檢核表：出生至 24 個月」以及「飲食檢核表：出生至 24 個月」中所見一般。部分文獻建議在應用寶寶主導式斷奶時採用一種改良式的版本，將鐵質不足、成長顧慮、噎食風險、接受特定食物的困難等降至最低。[49 50 51 52]

　　以下列舉一部分以餵食為主題的書籍，以供參考：

- 《素食樂園的冒險：透過 100 個簡單活動和食譜幫助孩子愛上蔬菜》（*Adventures in Veggieland: Help Your Kids Learn to Love Vegetables with 100 Easy Activities and Recipes*）。Melanie Potock 著 [53]

- 《以感覺運動方式進行餵食》（*A Sensory Motor Approach to Feeding*）。Lori L. Overland 與 Robyn Merkel-Walsh 著 [54]

- 《嬰兒自主餵食：建立終身健康飲食習慣的固體食物解決方案》（*Baby Self-Feeding: Solid Food Solutions to Create Lifelong, Healthy Eating Habits*）。Nancy Ripton 與 Melanie Potock 著 [55]

- 《嬰兒自主斷奶：引入固體食物並幫助您的寶寶健康成長、成為一位快樂自信的吃飯小能手的基本指南》（*Baby-led Weaning: The Essential Guide to Introducing Solid Foods and Helping Your Baby Grow Up a Happy and Confident Eater*）。Gill Rapley 與 Tracey Murkett 著 [56]

- 《我的孩子：用愛和理智餵食》（*Child of Mine: Feeding with Love and Good Sense*）。Ellyn Satter 著 [57]

- 《與快樂孩子快樂用餐：如何教孩子享用食物的樂趣》（*Happy Mealtimes with Happy Kids: How to Teach Your Child about the Joy of Food*）。Melanie

Potock 著 [58]

- 《幫助嚴重偏食兒童：克服選擇性飲食、食物厭惡和餵食障礙的分布指南》（*Helping Your Child with Extreme Picky Eating: A Step-by-Step Guide for Overcoming Selective Eating, Food Aversion, and Feeding Disorders*）。Katja Rowell 與 Jenny McGlothlin 著 [59]

- 《如何讓孩子吃……但不過多》（*How to Get Your Kid to Eat ...... But Not Too Much*）。Ellen Satter 著 [60]

- 《咬一口：簡單、有效、解決食物厭惡和飲食挑戰》（*Just Take a Bite: Easy, Effective, Answers to Food Aversion and Eating Challenges*）。Lori Ernsperger 與 Tania Stegen-Hanson 著 [61]

- 《沒有人告訴我（或我的母親）這些！從奶瓶及呼吸到健康言語發展的一切》（*Nobody Ever Told Me (or My Mother) That! Everything from Bottles and Breathing to Healthy Speech Development*）。Diane Bahr 著 [62]

- 《餵食前技能：用餐發展的全面資源》（*Pre-Feeding Skills: A Comprehensive Resource for Mealtime Development*）（二版）。Suzanne Evans Morris 與 Marsha Dunn Klein 著 [63]

監督下目的性俯臥時間至爬行階段檢核表：在發展上可能被忽視的基本連結（出生至 7 個月）[64][65][66][67]

雖然**仰臥睡姿**（back-to-sleep）能避免嬰兒猝死症候群（sudden infant death syndrome, SIDS），因此一直都是**建議的嬰兒睡姿**，但寶寶需要機會體驗不同的身體姿勢以發展出適當的姿勢控制能力。良好的身體（或核心）發展能為大幅度與小幅度的身體運動能力（稱之為粗大動作技能與精細動作技能）打好基礎。

本章節我們將目前的育兒方式是否在發展方面存在遺漏的環節。由於仰臥睡姿的建議（**非遵守不可**），許多嬰兒大多數的時間都保持仰臥。因為人們四處移動，嬰兒也耗費許多時間在汽車座椅、嬰兒座椅、嬰兒床以及其他座器中，因此許多嬰兒在進階粗大動作技能與精細動作技能所需的姿勢控制能力上都未能得到令人滿意的發展。這或許正是現今有許多孩童其他各方面都看似正常，但卻出現動作發展遲緩的原因。動作發展遲緩的跡象包括翻身、坐起、爬行、步行、進食、說話、視力運用、閱讀、書寫等方面較晚發展，這樣的孩子在治療師的病患中越來越多。

大多數哺乳動物在仰臥時較容易受到傷害，因為重要的器官都位於軀幹的正面。然而，根據針對嬰兒猝死症候群所做的研究，目前都是建議讓嬰兒採**仰臥睡姿**。[68 69 70 71] 因此，父母與照顧者需要額外注意，自出生後即提供寶寶監督下目的性俯臥時間以及體驗其他適當身體姿勢的機會。進行腹部貼地爬行與腹部離地爬行的監督下目的性俯臥時間，其時長可以參見下一份檢核表。除了監督下目的性俯臥時間以及其他身體姿勢外，寶寶也需要一定時間的腹部貼地爬行與腹部離地爬行。這些姿勢與運動能搭配地心引力促進下顎向前成長，對口部與呼吸道的發展都是必要的。

寶寶在進行監督下目的性俯臥時間時，不會用襁褓裹住。雖然襁褓能讓剛出生的寶寶在仰睡時更為安定，但卻也排除監督下目的性俯臥時間以及其他身體姿勢所能促成的動作能力發展。襁褓有可能會抑制驚跳反射（莫羅氏反射），即讓寶寶在仰睡時轉醒的反射。驚跳反射讓寶寶可以從胃食道逆流與呼吸道等問題中獲得回復；壓力激素伴隨驚跳反射而釋放，並有可能最終與幼兒睡眠與注意力方面的問題有關。[72 73 74] 這或許就是有安撫嬰兒效果的奶嘴會被拿來降低胃食道逆流與嬰兒猝死症候群的原因之一。這個領域顯然還需要更進一步的研究。不過，兒童呼吸道問題與睡眠障礙方面的研究正與日俱增。[75 76 77 78 79]

Michelle Emanuel 是**監督下目的性俯臥時間**（intentional tummy time）這個詞的創造者。她教導的俯臥時間法（Tummy Time Method）分為針對家長與針對專業人士兩種，都是透過與寶寶玩耍互動來調節寶寶的神經系統。

這份檢核表運用了多份資料來源，謹在此向兩位作者特別致謝，他們分別是：Lois Bly，即 *Motor Skills Acquisition in the First Year: An illustrated Guide to Normal Development* [80] 的作者，以及 Shirley German Vulpé，即 *Vulpe Assessment Battery: Developmental Assessment - Revised, Performance Analysis, Individualized Programming for the Atypical Child* [81] 的作者。這兩本書對治療師與其他專業人士都是重要的資料來源。兩位作者都討論到許多身體姿勢對發展運動能力的重要性（仰臥時間、俯臥時間、側臥、承擔與轉移重量等身體姿勢，能促進翻身、坐起、腹部貼地爬行、腹部離地爬行、跪倒、站立、步行等能力）。這些都是無法透過父母或兒科醫師取得的詳細資訊。

　　若你的孩子在進行監督下目的性俯臥時間以及之後的腹部貼地爬行、腹部離地爬行時有下列特徵，請在旁邊的空格打勾。若你的寶寶足月或接近足月出生，請參見對應寶寶年齡的段落；若寶寶為早產兒，請參見調整後的年齡選擇段落。

監督下目的性俯臥時間	打勾處
出生至 1 個月時的刻意俯臥時間	
能將臉轉往一側或另一側，有能力把頭抬起來往兩邊轉動。	☐
能把頭和下顎短暫抬起來，讓鼻子不被壓住（手腳併攏或屈曲）。	☐
手臂緊貼身體，手肘彎曲，將手置於肩膀。	☐
臀部抬起，讓臀部、膝蓋、腳踝呈曲折狀態。	☐
能以腹部離地爬行的方式移動手臂和腿。	☐
能彎曲雙腿後猛力伸直。	☐
2 至 3 個月時的監督性俯臥時間	
約 2 個月時，開始沿身體中線抬頭 5 至 10 秒，並在約 3 個月時學會維持頭部抬起不搖晃。	☐
約 2 個月時，開始能以雙臂撐起胸部 1 至 5 秒。	☐

2 至 3 個月時的監督性俯臥時間	
約 3 至 4 個月時，能以前臂支撐重量，同時手肘與肩膀對齊或置於肩膀前方。	☐
約 2 個月時，能在踢腿時換腿踢。	☐
約 3 個月時，可以把腿彎曲至臀部下方或伸直。	☐
約 3 個月時，可在俯臥狀態下抬頭並以目光追隨物體或人。	☐
4 至 5 個月時的俯臥時間	
約 3 至 4 個月時，能以良好的控制力抬起並轉動頭部。	☐
約 4 至 5 個月時，能以前臂支地撐起頭部與胸部數分鐘。	☐
約 4 個月時，能在以單手支撐身體時將另一隻手探向物品，並將物品送入口中。	☐
約 4 個月時，開始能在上身配合下伸直雙臂並以肩膀承重。	☐
約 5 個月時，開始向前伸直雙臂，手掌張開，在核心軀幹配合下以手與肩承重。	☐
約 5 個月時，能將兩臂往前伸，以兩手抓握把玩物品。	☐
約 3 至 4 個月時，軀幹與雙腿能做出游泳的動作。	☐
約 4 個月時，可以把腿伸直或彎曲至臀部下方；約 5 個月時，能以腿輔助重心轉移。	☐
嘗試以踢擊移動物品。	☐
約 3 至 4 個月時，能翻身由俯臥改為側臥再回復側臥；約 5 個月時，能翻身由仰臥改為側臥。	☐
6 至 7 個月時由監督性俯臥時間至腹部貼地／離地爬行	
約 6 個月時，能以前臂承重。	☐
約 5 至 6 個月時，能以手臂與手掌支撐身體重量並將身體往後推。	☐
約 6 個月時，能以手臂伸直撐起身體，用手掌根部承重。	☐
約 5 至 6 個月時，能在頭部與腿部抬起時，以手臂、肩膀、核心軀幹扭轉身體以轉移重心，並將手探向物品。	☐

6 至 7 個月時由監督性俯臥時間至腹部貼地／離地爬行	
約 7 個月時，能以手臂、肩膀、核心軀幹、腿讓身體轉圓圈。	☐
約 5 至 6 個月時，能以手臂或腿取物。	☐
約 5 至 6 個月時，能以一隻前臂支撐重量，另一隻手探向物品。	☐
約 5 至 6 個月時，能在俯臥狀態下將手探向物品，抓握住後將物品送至口中。	☐
約 7 個月時，對肩膀與身體控制良好，可以手探取抓握物品。	
約 6 個月時，能以手與膝蓋撐起身體。	
約 7 個月時，能輕易改成趴跪姿、像熊一般以手掌與腳掌著地站立、腹部貼地／離地爬行。	
約 5 至 6 個月時，能翻身由仰臥或側臥改為俯臥。	
約 6 至 7 個月時，能完全翻身，由俯臥改為仰臥，再改回俯臥。	☐
約 6 至 7 個月時，能藉由旋轉、腹部貼地爬行或翻滾來移動。	☐
約 6 個月時，能盤腿而坐；7 至 12 個月時，能由坐姿改為腹部貼地／離地爬行並交替手腳。	☐
腹部離地爬行由身體前後運動進步為左右移動身體重心，再轉變為身體的側向重心轉移，再到身體的對角線和旋轉運動，這樣在爬行時實現手臂和腿部的交替運動。	☐

從出生至 1 個月這段時期，發展正常、孕期滿 40 週的足月嬰兒（以及大多數孕期 37 至 39 週接近足月的嬰兒）能在監督性俯臥時間時將臉轉往一側或另一側。只要沒有遮蔽物、布娃娃之類的阻礙，

兩人腹部相貼　腹部貼地板

照片 1.12：Anthony（4 個月）在俯臥時間與 Diane 一起玩耍。若寶寶還不習慣監督下目的性俯臥時間，兩人腹部相貼是一個很適合的起頭方式。

照片 1.13：在監督下目的性俯臥時間的寶寶咬著手中的 ARK Baby Grabber（www. ARKTherapeutic.com）。照片經 ARK Therapeutic 授權提供。

他們也可以把頭抬起來往兩邊轉動。在監督下目的性俯臥時間裡，寶寶的手臂緊貼身體，手肘彎曲，將手置於肩膀。寶寶能臀部抬起，讓臀部、膝蓋、腳踝呈曲折狀態。寶寶能以腹部離地爬行的方式移動手臂和腿，也能彎曲雙腿後猛力伸直。

在監督下目的性俯臥時間裡，約 2 個半月的寶寶開始能抬頭 5 至 10 秒，並在約 3 個月時學會維持頭部抬起不搖晃。約 2 個月時，寶寶開始能以雙臂撐起胸部 1 至 5 秒。約 3 至 4 個月時，寶寶能以前臂支撐重量，同時手肘與肩膀對齊或置於肩膀前方。約 2 個月時，寶寶能在踢腿時換腿踢，約 3 個月時可以把腿彎曲至臀部下方或伸直，約 3 個月時可在俯臥狀態下抬頭並以目光追隨物體或人。

約 3 至 4 個月時，寶寶能在刻意俯臥時間裡以良好的控制力抬起並轉動頭部。約 4 至 5 個月時，寶寶能以前臂支地撐起頭部與胸部數分鐘。約 4 個月時，寶寶能在以單手支撐身體的情況下，將另一隻手探向物品並將物品送入口中。此時寶寶也能在上身配合下，將身體重心由一側的手臂與肩膀移至另一側。

約 4 個月時，寶寶開始能在上身配合下

照片 1.14：Cannon（6.5 個月）在俯臥時間咬著 Beckman Tri-Chew 並注視一本書。監督下目的性俯臥時間對於全身以及粗大動作技能和精細動作技能的發展都相當重要。吃、喝、説話、用手、用眼等是持續一生的精細動作技能。

伸直雙臂並以肩膀承重。約 5 個月時，寶寶開始能向前伸直雙臂，手掌張開，在核心軀幹配合下以手與肩承重。約 5 個月時，寶寶還能將兩臂往前伸，以兩手抓握把玩物品。

約 3 至 4 個月時，寶寶的軀幹與雙腿能做出游泳的動作。約 4 個月時，寶寶可以在監督下目的性俯臥時間把腿伸直或彎曲至臀部下方，並在約 5 個月大時能以腿輔助重心轉移。寶寶會在約 4 至 5 個月時嘗試以踢擊移動物品。約 3 至 4 個月時，寶寶能翻身由俯臥改為側臥，約 5 個月時能翻身由仰臥改為側臥。

隨著持續進行監督下目的性俯臥時間，寶寶約 6 個月時能以前臂承重。約 5 至 6 個月時，寶寶能以手臂與手掌支撐身體重量並將身體往後推。約 6 個月時，寶寶能手臂伸直撐起身體，用手掌根部承重。約 5 至 6 個月時，寶寶能在頭部與腿部抬起時以手臂、肩膀、核心軀幹扭轉身體以轉移重心，並將手探向物品。約 7 個月時，寶寶能以手臂、肩膀、核心軀幹、腿讓身體轉圓圈。約 5 至 6 個月時，寶寶能以手臂或腿取物。

寶寶在約 5 至 6 個月時能以一隻前臂支撐重量，另一隻手探向物品。約 5 至 6 個月時，寶寶還能在俯臥狀態下將手探向物品，抓握住後將物品送至口中。到了約 7 個月時，寶寶對肩膀與身體控制良好，可以用手探取抓握物品。約 6 個月時，寶寶能以手與膝蓋撐起身體；約 7 個月時，寶寶能輕易改成趴跪姿、以手掌與腳掌著地（熊立）、腹部貼地／離地爬行。約 6 個月時，寶寶能翻身由仰臥或側臥改為俯臥；約 7 個月時，寶寶能完全翻身，由俯臥改為仰臥，再改回俯臥，也能在約 6 至 7 個月時藉由旋轉、腹部貼地爬行或翻滾來移動。

照片 1.15：Cannon（6.5 個月）說：「媽媽！看我！我會爬了！」

約 6 個月時，寶寶能盤腿而坐，約 7 個月時能由坐姿改為腹部貼地／離地爬行。7 至 12 個月時，寶寶能腹部離地爬行並交替手腳，腹部離地爬行由手與膝蓋及地、身體前後運動，進步為肩膀與臀部左右移動身體重心，再進步為身體對角與旋轉運動。這樣的進展使得爬行時能手腳交替。假如身體未能發展出這些類型的運動能力，則口部也不大可能發展出相似的能力協助進食，因為進食一樣也有前後、左右、對角、圓形的運動。

口腔與手口反射／反應檢核表（孕期滿 40 週之足月嬰兒）

口腔與手口反射在進食能力的發展中扮演重要角色，如同前附「餵食與相關發展檢核表：出生至 24 個月」所示。下面這份檢核表提供你關於這些反射的詳細資訊。再次提醒，父母與照顧者往往無法取得如此細節的資訊。

若你的孩子有下列特徵，請在旁邊的空格打勾。

一出生即存在的口腔反射反應 82 83 84 85 86 87 88 89 90 91 92	打勾處
尋乳反射或反應	
碰觸寶寶的嘴唇或臉頰觸發尋乳反射；寶寶以嘴尋找碰觸源。	☐
幫助寶寶找到乳房、奶瓶（若採用步調一致、寶寶主導的奶瓶餵食）、手指、手掌。	☐
尋乳反射引導吸吮。	☐
寶寶在約 1 個月時開始能控制這項反射。	☐
似乎在約 3 至 6 個月時消失（被大腦整合）。	☐
吸啜反射或反應	
將手指塞入寶寶口中觸發吸吮反射；奶瓶奶嘴與乳頭也同樣能觸發。	☐
吸吮反射是非營養性的（約每秒兩下）。	☐
是在母胎內即已具備的營養性吸吮的前身（約每秒一下）。	☐

吸啜反射或反應	
寶寶在 2 至 3 個月時開始能控制這項反射。	☐
似乎在約 6 至 12 個月時消失（被大腦整合）。	☐
舌頭外推反射或反應	
碰觸寶寶的舌頭或嘴唇觸發舌頭外推反射。	☐
可能是吸啜反射或反應的一部分。	☐
可以保護寶寶不致吞下太大或無法處理的東西。	☐
寶寶在 3 至 4 個月時開始能控制這項反射。	☐
似乎在約 12 至 18 個月時消失（被大腦整合）。	☐
吞嚥反射或反應	
口水、液體及／或食物往寶寶的喉嚨移動時觸發吞嚥反射。	☐
吸吮—吞嚥—呼吸協調（或規律）良好時，約每秒一次營養性吸吮與吞嚥。	☐
寶寶似乎在 18 個月時開始能控制吞嚥反射。	☐
是持續終生的重要反射。	☐
階段性咬合反射或反應	
對寶寶的牙齦施以穩定但和緩的壓力時觸發階段性咬合反射。	☐
寶寶以規律的咬合方式開闔下顎（約每秒一次）。	☐
這項反射會使用讓下顎上下運動的肌肉；在進食與牙牙學語時都會使用到這些肌肉。	☐
寶寶在 5 至 9 個月時開始能控制這項反射。	☐
似乎在約 9 至 12 個月時消失（被大腦整合）。	☐
舌頭橫向反射或反應	
碰觸寶寶的舌頭任一側觸發舌頭橫向反射；寶寶的舌頭會朝碰觸源運動。	☐

舌頭橫向反射或反應	
舌頭的橫向運動最終可用於將食物集中到方便咀嚼與吞嚥的位置。	☐
寶寶在 6 至 8 個月時開始能控制這項反射。	☐
似乎在約 9 至 24 個月時消失（被大腦整合）。	☐
作嘔反射或反應	
碰觸新生兒舌根四分之三處觸發作嘔反射。	☐
觸發後，寶寶將嘴張大，頭可能往後仰，軟顎迅速抬升，喉頭與隔膜也可能抬升。	☐
能保護寶寶不致吞嚥太大的東西。	☐
寶寶在 4 至 6 個月時開始能控制這項反射。	☐
6 至 9 個月時，作嘔反射移至寶寶舌根三分之一處。	☐
接下來，多數人的觸發點會維持在舌根四分之一處。	☐

若你的孩子有下列手口反射或反應，請在旁邊的空格打勾。

一出生即存在的手口反射和反應 [93] [94] [95] [96] [97]	打勾處
掌頷反射或反應	
碰觸寶寶的手心致使其下唇下方的頦肌收縮。	☐
頦肌使下唇外翻以便含乳。	☐
在某些人身上會持續至成年期。	☐
巴布金反射或反應	
輕壓寶寶手心致使其嘴巴張開、眼睛閉上、頭往前湊。	☐
幫助寶寶準備接受母乳哺餵；步調一致（寶寶主導）的奶瓶餵食亦可運用。	☐
似乎在約 3 至 4 個月時消失（被大腦整合）。	☐

抓握反射或反應	
輕壓寶寶手心致使寶寶抓握住你的手指。	☐
寶寶的抓握力道隨吸吮加強；寶寶也有可能抓握住哺乳者的衣服。	☐
似乎在約 8 個月時消失（被大腦整合）。	☐

　　足月（或孕期 37 至 39 週接近足月）的嬰兒出生即具備全身、口腔、手口等反射。在前文已提過莫羅氏反射（一種全身反射反應），本章將討論與進食相關的反射。寶寶的反射可由兒科醫師進行評估。

　　尋乳反射或反應可藉由碰觸寶寶的嘴唇或臉頰而觸發，觸發後會使寶寶以嘴尋找碰觸源。尋乳反射可幫助寶寶找到乳房、奶瓶（若採用步調一致、寶寶主導的奶瓶餵食）、手指、手掌來吸吮。當觀察寶寶的尋乳反射，會發現尋乳反射直接導致吸吮的動作。寶寶在約 1 個月時開始能控制尋乳反射，且這項反射似乎在約 3 至 6 個月時消失（或被大腦整合）。如你所知，隨著寶寶大腦掌控動作的部分開始控制寶寶的動作，反射就不再需要而逐漸被大腦整合。

　　寶寶的吸啜反射或反應可藉由將手指塞入寶寶口中而觸發，奶瓶奶嘴與乳頭也能觸發。吸吮反射通常是非營養性（約每秒兩下），其作用在安撫寶寶。吸啜反射是在母胎內即已具備的營養性吸吮的前身（約每秒一下）。寶寶在 2 至 3 個月時開始能控制原始吸吮反射，且這項反射似乎在約 6 至 12 個月時消失（或被大腦整合）。

　　寶寶的舌頭外推反射或反應在你碰觸寶寶的舌頭或嘴唇時觸發，此觸發有可能是吸吮反射的一部分。舌頭外推反射可以保護寶寶不致吞下太大或無法處理的東西。寶寶在 3 至 4 個月時開始能控制舌頭外推反射，且這項反射似乎在約 12 至 18 個月時消失（或被大腦整合）。

　　吞嚥反射或反應在口水、液體及／或食物往寶寶的喉嚨移動時觸發。吸吮—吞嚥—呼吸協調（或規律）良好時，約每秒進行一次營養性吸吮與吞嚥。多數幼兒在約 18 個月時開始能控制吞嚥反射。這是一項會持續終生的重要反射，若沒有這項反射，便得尋求替代性的營養攝取方式，比如餵食管。

階段性咬合反射或反應在寶寶的牙齦受到穩定但和緩的壓力時觸發，使寶寶以規律的咬合方式開闔下顎（約每秒一次）。這項反射會使用讓下顎上下運動的肌肉，在進食與牙牙學語時都有使用到這些肌肉。寶寶在 5 至 9 個月時開始能控制階段性咬合反射，且這項反射似乎在約 9 至 12 個月時消失（或被大腦整合）。

舌頭橫向反射或反應可藉由碰觸寶寶的舌頭任一側而觸發，寶寶的舌頭會朝碰觸源運動。隨著寶寶逐漸能控制反射，這種舌頭的橫向運動會被大腦整合，最終可用於將食物集中到方便咀嚼與吞嚥的位置。寶寶在 6 至 8 個月時開始能控制舌頭橫向反射，且這項反射似乎在約 9 至 24 個月時消失（或被大腦整合）。

寶寶剛出生時，作嘔反射或反應會在碰觸舌頭由舌根算起四分之三處觸發。觸發後，寶寶會將嘴張大，頭可能往後仰，軟顎迅速抬升，喉頭與隔膜也可能抬升。這項反射能保護寶寶不致吞嚥太大的東西。寶寶在 4 至 6 個月時開始能控制這項反射。到了 6 至 9 個月時，作嘔反射通常會移至寶寶舌頭由舌根算起三分之一處。在接下來的人生中，多數人的觸發點會維持在舌頭由根部算起四分之一處。

手口反射或反應也是一出生即具備。這些反應包括掌頜反射、巴布金反射、抓握反射等，我們在吃、喝、說話時都可以觀察到手口協調合作。

掌頜反射或反應在你碰觸寶寶的手心時觸發，致使寶寶下唇下方的頦肌收縮。頦肌會使下唇外翻以便含住乳頭或奶瓶。這些肌肉在母乳哺餵時特別活躍。掌頜反射在某些人身上會持續至成年期。

巴布金反射或反應會在輕壓寶寶手心時觸發，致使寶寶把嘴巴張開、眼睛閉上、頭往前湊，因為這樣似乎可以幫助寶寶準備好吸食母乳。巴布金反射在步調一致（寶寶主導）的奶瓶餵食亦可運用。這項反射似乎在約 3 至 4 個月時消失（或被大腦整合）。

抓握反射或反應可藉由輕壓寶寶手心而觸發，致使寶寶抓握住你的手指。寶寶的抓握力道隨吸吮加強，寶寶也有可能抓握住你的衣服。這項反射似乎在約 8 個月時消失（或被大腦整合）。

尋乳反射、舌頭外推反射、吸啜反射、吞嚥反射、掌頜反射、巴布金反射似乎與吸吮與早期進食有關，其中尋乳反射、吸吮反射、巴布金反射會在寶寶 1 至 4 個月時獲得控制。階段性咬合反射、舌頭橫向反射、作嘔反射、抓握反射似乎與較進階的進食程序有關，因為這些反射在寶寶 4 至 9 個月時才獲得控制，此時寶寶正在學習開口杯／吸管餵食、湯匙餵食、嚙咬食物及咀嚼等動作。

2

親餵或瓶餵——這就是問題

張偉倩

　　我傾向主張所有媽媽都親餵嬰兒。然而，我知道這對一些人來說是不可能的，所以我希望父母——特別是母親——不要因為無法親餵而感到內疚。無論你是親餵還是瓶餵，我只想讓你知道親餵的好處。如果你正在瓶餵嬰兒，你可以透過了解親餵對嬰兒口腔和呼吸道發育的作用，降低瓶餵所帶來的一些負面影響。本書包含親餵和瓶餵的技術，所以無論你是親餵、瓶餵，還是兩者皆有，本書都可以幫助你以最佳方式餵養寶寶。

親餵和瓶餵的差別

　　雖然親餵和瓶餵有一些相似之處，但兩者是不同的進食過程。未經訓練的觀察者，不易察覺兩者的不同之處，但它們確實是存在的。準備重返工作崗位的媽媽，要幫寶寶從親餵過渡到瓶餵時，經常會注意到兩者間的差異——特別是全親餵的媽媽更容易注意到。

　　親餵和瓶餵有不同的動作特徵和動作計畫（由大腦計劃的動作順序）。舉一個成年人的例子：駕駛手排汽車和自排汽車之間的動作計畫的不同變化。兩種都可以讓你駕駛汽車，但它們是不同的駕駛過程。

　　以下是親餵和瓶餵之間的一些區別。[98 99 100 101 102 103 104 105]

適當的親餵嬰兒	適當的瓶餵嬰兒
尋乳並定位母親的乳頭。	若使用「嬰兒引導的瓶餵節奏」（paced baby-led），則也有尋乳反應。
完全張開嘴巴，寬闊且持續地閉合住乳房。	張開下顎，僅足夠符合特定奶嘴頭的大小。
將舌頭伸出下唇，緊含住母親的乳房。	將舌頭伸出下齒槽。
將母親的乳頭和乳房深深地拉入嘴裡，這動作有助於形成寬闊的「U」型上顎。	使用嘴唇和臉頰與奶瓶閉合。
當嘴唇密闔在乳房上時，舌頭前端成杯狀托住乳房。	如果使用圓形奶嘴頭，舌頭呈杯狀。

適當的親餵嬰兒	適當的瓶餵嬰兒
只需一點努力或臉頰運動，即可一併將下顎和舌頭前端下降。	比親餵的嬰兒需有更多的臉頰和嘴唇的運動。
與瓶餵的嬰兒相比，使用較多頰肌（為了閉合而外翻下唇）和嚼肌（對抗重力提高下顎）肌肉。	與親餵的嬰兒相比，使用較少頰肌和嚼肌。
與瓶餵嬰兒相比，吸吮動作較多，並伴隨較多次和較長的停頓。	與親餵的嬰兒相比，吮吸動作較少，並伴隨較少次且較短暫的停頓。
以完成吞嚥時必要的波浪狀方式來移動舌根。	向下移動舌根以形成真空。[106]
有一個穩定的嘴巴，以舌頭和下顎當作下穩定器，吸吮／頰脂墊（如果有）當作側穩定器，相對平坦的口腔頂部當作上穩定器。	有一個穩定的嘴巴，以舌頭和下顎當作下穩定器，臉頰和吸吮墊（如果有）當作側穩定器，口腔頂部當作上穩定器。
口腔有足夠的壓力，因此液體可以安全有效地進入並透過口腔吞嚥。	口腔有足夠的壓力，因此液體可以安全有效地進入並透過口腔吞嚥。
有良好的餵食節奏。	有良好的餵食節奏。

　　從圖表中可以看出，與瓶餵嬰兒相比，親餵嬰兒的口腔結構在餵食期間的移動方式更複雜。親餵還有助於建立我們一生中使用的吸吮模式，例如：正確地使用杯子喝水、湯匙餵食和吸管飲水。適當的親餵支持吸吮—吞嚥—呼吸協調，也有助於口腔結構和呼吸道

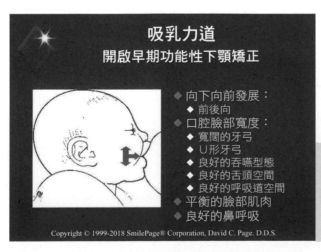

吸乳力道
開啟早期功能性下顎矯正

◆ 向下向前發展：
　◆ 前後向
◆ 口腔臉部寬度：
　◆ 寬闊的牙弓
　◆ U形牙弓
　◆ 良好的吞嚥型態
　◆ 良好的舌頭空間
　◆ 良好的呼吸道空間
◆ 平衡的臉部肌肉
◆ 良好的鼻呼吸

Copyright © 1999-2018 SmilePage® Corporation, David C. Page. D.D.S.

圖 2.1：David C. Page, Sr.醫師（經許可）提供適當的親餵嬰兒口腔和呼吸道發育的摘要。要從出生時就達致所有這些特徵，親餵似乎是唯一的途徑。

結構成為一個「整合的感覺─運動器官」並一起作用。[107] 這使嬰兒能有良好的口腔和呼吸道發展。大多數足月產（妊娠 40 週）和接近足月產（妊娠 37 至 39 週）的嬰兒出生時，都有潛力可以接受親餵，許多早產兒也可以透過協助來發展親餵。親餵的嬰兒會尋乳並定位媽媽的乳頭，直接開始吸吮。許多人不了解尋乳和吸吮之間的直接關聯。如果給瓶餵嬰兒合適的「嬰兒引導瓶餵節奏」也有機會可發展出尋乳吮吸模式。

親餵嬰兒因乳房而張開寬闊的嘴巴，並為獲得寬闊而持續的閉合閂（latch）而使用大範圍的下顎動作。瓶餵嬰兒則使用有限的下顎動作範圍來開啟下顎，只足夠寬以吻合特定的奶嘴頭。隨著嬰兒發展出許多餵食技能，在出生的第一年會出現顯著的下顎發展和發育。請參閱第 1 章的「餵食與相關發展檢核表：出生至 24 個月」。

親餵嬰兒會將舌頭延伸出下唇，以含住媽媽的乳房，並將其深深地拉進嘴裡。這有助於保持嬰兒口腔頂部（硬顎）形成寬闊「U」型，這也同時是鼻腔的底部。親餵嬰兒用舌頭前端固定並呈杯狀托住（cup）媽媽的乳房，嘴唇則密封在乳房上。親餵時，下頦肌（協助下唇運動）會很活躍。親餵嬰兒可以很輕鬆地將下顎和前部舌頭下降。臉頰有少量的動作，而舌根會以波浪狀的方式運動。

相比之下，瓶餵嬰兒將舌頭延伸出下牙床（gum），張開嘴唇來固定奶嘴，如果是使用圓形奶嘴頭，可能會將舌頭呈杯狀。舌頭呈杯狀對餵食、吞嚥和說話都很重要。全親餵的嬰兒具有與瓶餵嬰兒不同的吸吮模式。與親餵嬰兒相

照片 2.1：Ali 親餵小嬰兒 Leo。親餵有助於口腔和呼吸道的良好發育，是最佳餵養方法；而瓶餵是一種餵食嬰兒的醫療方式。照片由 Ali 提供，攝影師：Nicky Alexandria Photography

比，瓶餵嬰兒使用更多臉頰和嘴唇動作，但是更少下頷肌和嚼肌動作；瓶餵嬰兒的吸吮動作更少、停頓次數更少、停頓時間更短。[108]

因此，瓶餵嬰兒似乎以許多單位來分別移動他們的口腔各個結構，而適當親餵的嬰兒似乎以獨立卻統一的方式移動這些結構。與瓶餵嬰兒相比，親餵帶來更複雜的運動，似乎有助於後續所發展的餵食技能，如：適當的開口杯飲食、吸管飲食、咀嚼等。[109]

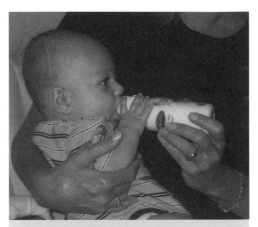

照片 2.2：4 個月的 Anthony 使用「嬰兒引導的瓶餵節奏」。他具備很好的手口連結。你可以看到他的嘴唇和臉頰是如何形成同一個單位共同作用。如你所知，瓶餵與親餵是不同的過程。

親餵和瓶餵對健康與發展的益處

幸運的是，出於許多原因，親餵作為嬰兒首選的餵養方法再次盛行。最重要的是，親餵是正常的生物特性，為媽媽和嬰兒提供了健康與發展的顯著益處。親餵得到世界衛生組織（WHO）、美國兒科醫學會（AAP）和世界各地許多團體的支持。事實上，美國兒科醫學會

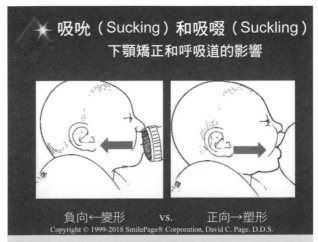

圖 2.2：David C. Page 醫師（經許可）提供示意圖。在下顎和呼吸道發展過程，瓶餵產生負面影響，而親餵產生正面影響。瓶餵嬰兒承受了將下顎向後拉的不自然力量，而親餵嬰兒則受到平衡且自然的壓力進而讓下顎往前發展。

照片 2.3：Ali 正在親餵 6 個月的 Leo。親餵兒童在耳部和呼吸系統問題、胰島素依賴型糖尿病和肥胖、胃酸逆流和腸胃道問題以及嬰兒猝死症方面發生率較低，且擁有比瓶餵嬰兒有更好的免疫系統、口腔和呼吸道生長以及言語發展。

期刊（2010 年）中的一篇文章表示，親餵有醫療效能，而且可以挽救嬰兒的生命。[110] 瓶餵最初是給予無法親餵之嬰兒的一種代償性醫療過程。工業化國家和母親外出上班的狀況下，瓶餵變得越來越普遍。正如本章上一段所述，瓶餵與親餵不同，瓶餵的複雜處理過程明顯少於親餵。

親餵的母親交替使用雙側的乳房哺乳嬰兒，為嬰兒的臉部、頭部和身體兩側提供平等的運動和刺激關係。[111] 瓶餵的父母可以使用「嬰兒引導的瓶餵節奏」，並交替餵食嬰兒的兩側，但這仍無法彌補親餵可帶來的其他運動益處。如前所述，尋乳反射引導親餵的嬰兒吸吮。除非使用「嬰兒引導的瓶餵節奏」瓶餵，否則瓶餵嬰兒通常沒有機會尋乳，因而錯過吸吮前所需要的尋乳反應。

當嬰兒被適當地親餵時，乳房會被深深地吸入嬰兒的嘴裡，這有助於保持口腔頂部（硬顎）的寬闊「U」形，這同時也是鼻腔的底部。沒有任何奶瓶的奶嘴頭（或安撫奶嘴）可以做到這一點。嬰兒在嘴巴閉合休息時保持舌頭靠在硬顎，保持硬顎寬闊的「U」形。而瓶餵的嬰兒（特別是同時使用安撫奶嘴的嬰兒）通常會出現高拱而狹窄的硬顎，因而導致小的鼻腔以及耳朵問題。[112][113] 這可能與瓶餵力量所涉及的非自然和補償過程有關。請參閱本章上一節「親餵和瓶餵的差別」。如果舌繫帶過緊或親餵方法不正確，有些親餵嬰兒也可能出現高而狹窄的硬顎和小的鼻腔。

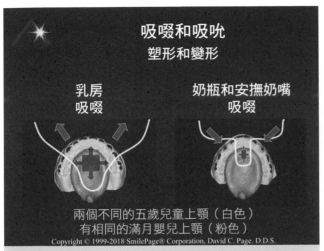

吸啜和吸吮
塑形和變形

乳房
吸啜

奶瓶和安撫奶嘴
吸啜

兩個不同的五歲兒童上顎（白色）
有相同的滿月嬰兒上顎（粉色）
Copyright © 1999-2018 SmilePage® Corporation, David C. Page. D.D.S.

圖 2.3：David C. Page, Sr.醫師（經許可）提供從嬰兒時期到兒童時期硬顎（口腔頂部）的發展比較圖，可看出親餵與瓶餵的不同。瓶餵嬰兒的硬顎狹窄，對整體口腔發育以及鼻腔和鼻竇區域（呼吸道）產生負面影響。

硬顎高而窄導致的小鼻腔，會使鼻呼吸困難，迫使嬰兒使用口呼吸。持續的口呼吸極其不健康。[114][115][116][117][118] 口呼吸的兒童沒有透過鼻腔結構過濾空氣，也不會像鼻呼吸的兒童那樣深呼吸。持續口呼吸會伴隨扁桃體和腺樣體腫大、過敏、氣喘、耳部問題、鼻竇問題、食道反流、阻塞型睡眠障礙、血壓問題、心臟問題和注意力問題。

瓶餵嬰兒通常比成功親餵的嬰兒有更多疾病。[119] 這是很合理的，因為高且狹窄的硬顎使鼻腔和鼻竇區域變小、難以清理，而迫使嬰兒用口呼吸。親餵嬰兒較少有過敏、耳朵、鼻腔和鼻竇問題、[120] 其他呼吸道感染、[121] 胰島素依賴型糖尿病，[122] 也較少有食道逆流和其他胃腸道問題，[123] 超重或死於嬰兒猝死綜合症（SIDS）的可能性也較小。[124][125][126] 與瓶餵嬰兒相比，適當親餵的嬰兒具有更好的免疫系統、更好的口腔和呼吸道發育。親餵嬰兒的臉部、下顎、牙弓、硬顎、牙齒和言語發展都比瓶餵嬰兒更好。[127][128][129][130][131]

瓶餵可能導致下顎發育不佳、口腔和臉部結構狹窄以及隨之而來的矯正問題。[132] 事實上，最近的研究持續表明，瓶餵會影響上下顎的生長發展、干擾乳牙發展，並最終導致牙齒咬合問題。[133][134][135][136][137] 這些可能與瓶餵和親餵中使用不同的吸吮模式有關。瓶餵中使用的吸吮模式類似於安撫奶嘴所使用的不良模式；這些不良模式也存在於使用不正確的吸管、鴨嘴杯（spoutedcups）和袋裝食物泥，以及大拇指、手指和毯子的吸吮。

根據下顎骨科的先驅 David C. Page 醫師表示，親餵是確保下顎正常生長的最佳方式。下顎是周圍其他結構（如鼻腔、嘴唇、臉頰和舌頭）發展的基石，是「通往人類呼吸道的門戶」。[138] David C. Page 醫師表示，親餵

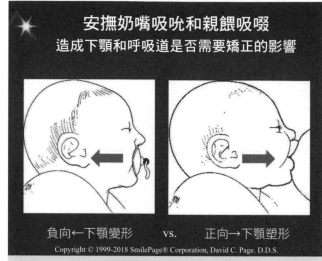

圖 2.4：David C. Page 醫師（經許可）提供了示意圖，說明使用安撫奶嘴造成的負面影響與親餵對下顎和呼吸道發育的正面影響。安撫奶嘴、鴨嘴杯和袋裝食物泥的使用，以及長期吸吮拇指和手指，都會將下顎向後拉；親餵則有助於下顎向前生長後繼發的平衡與自然壓力。

的運動有助於下顎生長，在出生後第一年會迅速成長。如果下顎沒有做該做的事情，嘴唇和舌頭就不能做該做的事情。同樣的，如果舌頭沒有做該做的事情，下顎可能就無法正常生長。這種情況常見於舌繫帶過緊的孩子。David C. Page 醫師建議儘可能以親餵代替瓶餵。他說：「奶瓶、安撫奶嘴、手指吸吮都會在上下顎產生向後的破壞力。」[139] 這些力量會縮小牙弓和上顎，最終導致咬合不正，[140][141][142][143][144][145][146] 包括深咬、過度水平覆蓋、戽斗、反咬、[147] 開咬、彎曲或擁擠的牙齒以及其他下顎問題。

社會科學家 Ashley Montagu 博士在《碰觸：人類皮膚的重要意義》（*Touching: The Human Significance of the Skin*）[148] 一書中，從許多不同的研究領域和文化對親餵進行了重要研究。Montagu 醫師探討了一項對從出生到 10 歲、共 173 名兒童的研究。其中親餵嬰兒的呼吸道感染減少 4 倍，腹瀉減少 20 倍，其他類型的感染減少 22 倍，溼疹減少 8 倍，氣喘減少 20 倍，花粉

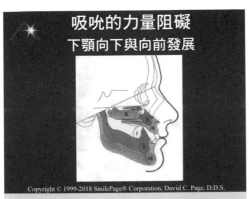

圖 2.5：David C. Page 醫師（經允許）提供。良好且平衡的下顎向下與向前生長的觀點。此圖呈現生命的第一年是下顎最快速生長的時期。向後吸吮奶瓶、安撫奶嘴、鴨嘴杯和袋裝食物泥會帶給下顎一股不自然向後的力量。

熱減少 27 倍。[149] 另一項對 383 名兒童的研究發現，比起親餵的兒童，瓶餵的兒童營養較差，較容易罹患兒童疾病，學習走路和說話的速度較慢。[150] David C. Page 醫師和 Ashley Montagu 醫師都評論表明親餵的兒童智力和身體健康水準更高。[151][152]

與使用配方奶粉相比，親餵母乳的兒童身體較為健康，似乎與擁有良好的呼吸道發展和品質有關。親餵支持適當的呼吸道發展。寶寶的呼吸道由鼻子、喉嚨、氣管和通向肺部的發聲區（voice box）組成，上呼吸道發育取決於適當的下顎和面部的生長。[153] 呼吸道阻塞可能導致不健康的慢性口呼吸，以及面部和下顎發展的變化。[154] 如前所述，呼吸道阻塞、過敏、氣喘、耳部問題、鼻竇問題、食道逆流和壓力也與之有關。[155] 此外，還包括有阻塞性睡眠障礙、血壓問題和心臟問題。[156][157] 適當的呼吸道發展對兒童健康至關重要。

兒童阻塞性睡眠呼吸中止症（pediatric obstructive sleep apnea）

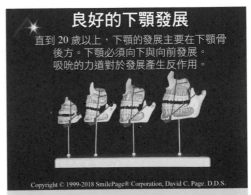

圖 2.6：David C. Page 醫師（經允許）提供。此圖呈現隨著時間推移和孩子的成長，良好平衡且向下向前生長的下顎骨。適當的親餵、開口杯與吸管的使用、咬與咀嚼食物，以及監督下目的性俯臥時間、腹部貼地爬行及腹部離地爬行都有助於這個過程。而吮吸奶瓶、安撫奶嘴、鴨嘴杯和袋裝食物泥則會帶給下顎往上和往後的力量，甚至也給牙齒這股力量，通常會導致嚴重的口腔和呼吸道問題。

現在是一個重大問題。Christian Guilleminault 和兒科睡眠醫學專家 Yu-Shu Hu-ang 就此主題撰寫了大量文章。[158][159][160]《兒科醫學期刊：美國兒科醫學會官方期刊》（*Pediatrics: Official Journal of the American Academy of Pediatrics*）也有許多關於兒童阻塞性睡眠呼吸中止症的文章（如 Karen Bonuck 醫師等人的著作）。[161][162][163] 適當的親餵和放鬆過緊的口腔組織（如舌繫帶）似乎是使嬰幼兒上呼吸道發育良好的最佳方法。透過使用正確的親餵操作練習、放鬆過緊的口腔組織、適當的餵養技巧和口腔發展活動，可以避免或減少年齡較大的嬰兒和兒童的手術需求（如：扁桃體和腺樣體切除，以及重要的齒列矯正療程）。

有些方法可以在兒童時期治療兒童阻塞性睡眠呼吸中止症，但這超出了本書的範圍。這些方法通常需要使用特定的口腔器械和手術（擴弓器、牙套、扁桃體切除術、腺樣體切除術和其他手術）。[164][165][166] 現今也有許多專業團隊人員，包括耳鼻喉科醫生、牙醫、齒顎矯正專科醫生、髖骨整骨師、口肌功能治療師和其他治療兒童阻塞性睡眠呼吸中止症的專家。[167] 例如，綜合齒顎矯正專科醫師 Barry Raphael 開設治療和教育機構，聚集多種專業人士共同治療病患，並學習有關口腔及呼吸道結構和功能的各種面向。

兒科和睡眠專科醫師 David Ingram 著有《兒童睡眠中止：家庭手冊》（*Sleep Apnea in Children: A Handbook for Families,* 2018）一書。[168] 綜合牙科醫師 Michael Gelb 和 Howard Hindin 著有《哇，呼吸道健康——通往健康的密徑》（*Gasp! Airway Health—The Hidden Path to Wellness,* 2016）一書。本書是一個易於閱讀的資源，內含關於呼吸道和整個生命期相關健康問題。[169] 功能性下顎骨科和綜合牙科醫師 David C. Page 的著作《你的下顎——你的生命》（*Your Jaw—Your Life*），是一本友善家長的專業書籍，說明下顎骨發育對健康的重要性。[170]

世界衛生組織建議在出生後的前 6 個月進行全母乳哺餵，以達致嬰兒最佳的健康、生長和發育。在某些情況下，母乳哺餵可以持續到 2 歲或以上，並於 6 個月時會開始加入營養且適當的副食品。[171][172] 這些指南與美國兒科醫學會的建議相似。然而，在可提供安全食物的已開發國家，有時兒科醫生可能會建議在 6 個月前即可提供特定嬰兒副食品。你可以和孩子的兒科醫生討論這個問題。

如你所見，有大量研究指出親餵對良好適當的口腔和呼吸道發展有一定的價值。但是，如果你需要瓶餵你的寶寶，我們將在第 3 章討論一些可行的最佳方法。

為什麼這麼多媽媽在親餵方面有困難？

親餵哺乳困難通常與嬰兒口腔內的問題有關，如：吸吮墊薄或不存在、過緊的口腔組織（如舌繫帶和唇繫帶）和／或輕微的下顎無力。但是，許多媽媽卻錯誤地認為問題出在乳汁供應、乳頭凹陷或其他哺乳者本身的問題。然而，造成困難的通常是嬰兒口腔結構和功能方面的差異性。

親餵哺乳困難也可能與其他因素有關。我們生活在一個與狩獵和採集的祖先們不同的世界。媽媽們經常從事久坐的工作，可能睡眠不佳、呼吸不當，這會影響媽媽的整體健康和嬰兒的氧氣供應。我們的飲食通常不是本地和當季的，這可能會影響媽媽和嬰兒的營養。現今分娩時大多透過背部硬膜外麻醉等醫學過程，許多嬰兒沒有機會進行乳房爬行（breast crawl），臍帶通常也會迅速被剪掉。[173][174][175][176] 乳房爬行能讓嬰兒在出生後靠自己找到乳房和尋乳。此外，嬰兒與臍帶相連好幾個月，臍帶為嬰兒提供氧氣和營養，但出生後臍帶通常很快就被切斷了。我經常在思考這對嬰兒會產生什麼影響。[177]

親餵哺乳的媽媽通常可以從與國際泌乳顧問（IBCLCs）合作獲益。如果你計劃親餵哺乳，可能的話，請在分娩前找到讓你感到安心的國際泌乳顧問。許多醫院為剛分娩母親提供這些專家服務。如果媽媽們在親餵哺乳方面有任何困難，即需要及時且隨時的支援。

　　當出現複雜的親餵哺乳問題時，國際泌乳顧問經常會與其他受過專門培訓的專業人員合作。這些專業人士可能從事語言病理學、臉部口肌病學、牙科、耳鼻喉科、顱骨科、脊椎按摩、職能治療、物理治療等領域。國際泌乳顧問具備最佳母乳餵養效果的重要工具和技術，可以協助父母用其他餵養方法〔如：空針筒、開口杯、替代餵食系統（supplemental feeding system）、乳頭保護罩、奶瓶餵食等〕來補充孩子營養，直到媽媽和寶寶能夠克服親餵哺乳的困難。

　　瓶餵嬰兒也可以從預先擠出的母乳中受益。母乳是一種完整的食物，只要媽媽有全面且健康的飲食，母乳即含有各種口味和良好的營養，並含有天然的抗體。[178][179][180] 這是喝母乳的嬰兒較少發生過敏、耳朵、鼻腔和鼻竇問題的原因之一；他們的食道逆流和胃腸道問題也較少，免疫系統更好。此外，對於嬰兒的消化系統而言，預先擠出的母乳比大多數配方奶粉更好，配方奶粉無法複製母乳提供的價值。

　　國際泌乳顧問協會（ILCA）在網站上提供搜尋國際泌乳顧問（IBCLC）的目錄，並有出色的親餵哺乳資訊。美國泌乳協會（United States Lactation Association, USLA）也提供良好的資源和美國當地的搜尋目錄。凱莉媽媽（Kellymom）和國際母乳會（La Leche League International）則提供優秀且以文獻為基礎的親餵哺乳資源。此外，Catherine Watson Genna 等人的著作《親餵寶寶吸吮的技巧支持》（*Supporting Sucking Skills in Breastfeeding Infants*, 2017）是關於在出現吸吮問題時如何成功親餵哺乳的實證醫學資源。[181]

　　在實作中，我遇到許多有親餵哺乳困難的媽媽和嬰兒，他們是由知識淵博的國際泌乳顧問 IBCLC、兒童牙醫和一般醫生轉介而來的，他們想知道為什麼親餵哺乳會失敗。許多媽媽使用乳頭防護罩來處理閉合閂（latch）、口腔、上呼吸道和乳頭問題。[182] 雖然乳頭防護罩非常有幫助，但基本上嬰兒會像吸吮奶瓶奶嘴頭一樣從乳頭防護罩上吮吸。而當這些嬰兒被放置在沒有乳頭防護罩的乳房吸吮時，最初他們往往只有非常淺和薄弱的閉合閂。因此，在這個過程中與 IBCLC 合作非常重要。

　　許多親餵哺乳困難的嬰兒有舌繫帶或唇繫帶（以及其他問題，如薄或缺失的吸吮墊以及輕微的下顎無力）。如果每個嬰兒都能接受口腔篩查，並在出生時放鬆繫帶，那將是最理想的情況，這種做法在巴西已經到位。IBCLC 可以與媽媽和嬰兒一起進行適當的母乳餵養，不受舌頭和嘴唇的限制。儘管許多嬰兒和兒童在出生後已被放鬆繫帶，但比起這些孩子，我更喜歡在放鬆前後與父母和嬰兒以及他們的 IBCLC 合作。IBCLC 會做好放鬆繫帶前的工作，並幫助父母為放鬆繫帶後的工作做好準備。IBCLC 是我在這個過程中的合作夥伴，通常也是經常與父母和嬰兒一起工作的人，持續直到嬰兒能進行良好的餵食。

　　如果嬰兒的繫帶限制已經藉由雷射手術放鬆了，且父母也做了必須的傷口照護拉伸活動，我通常會與嬰兒和父母一起進行適合該年齡的下顎、舌頭、嘴唇和臉頰的餵食運動。如果沒有做拉伸活動，嬰兒可能會需要另一次手術，因為傷口可能會發展出疤痕組織。如果嬰兒是藉由手術刀或手術剪來放鬆繫帶，我通常也會進行適合該年齡的下顎、舌頭、嘴唇和臉頰運動，且在得到外科醫生允許之後，立即與嬰兒和父母一起進行餵食的活動（通常在手術後幾天內）。請參閱本章關於「舌頭、嘴唇和臉頰限制」的章節。如你所知，我更喜歡在這個過程中與 IBCLC 和其他適當的專業人士一起工作。團隊導向方法是最好的，而且父母和嬰兒也是團隊中的成員。

　　我經常遇到的另一個問題是，親餵哺乳困難的嬰兒缺少或吸吮墊有限。當嬰兒沒有適當的吸吮墊時，臉頰區域塌陷，嬰兒的嘴裡有太多空間，因而無法獲得足夠的吮吸壓力。親餵哺乳的媽媽通常需要小心翼翼地以**舞者手勢**（dancer hand position）或**改良式舞者手勢**（modified dancer hold）進行臉頰支撐，以讓嬰兒達到吮吸和吞嚥所需的口內壓，可以高效且確實地呼吸。我們將在第 3 章討論這些手勢。

　　當嬰兒的身體在發育脂肪時，吸吮（頰脂）墊是在孕期快結束時才發育，因此早產兒不會有這些吸吮墊，而且接近足月的嬰兒（妊娠 37 至 39 週）可能只具有薄的吸吮墊。吸吮墊在出生後即停止發育。一些足月產嬰兒（懷孕 40 週）出生時也可能只有很薄的吸吮墊或缺乏吸吮墊。吸吮墊對親餵哺乳期間的口腔穩定至關重要。因此，當吸吮墊缺乏或過薄時，即需要代償的方法。

那麼，發生了什麼事？為什麼會出現這麼多問題？兒童牙醫 Kevin Boyd 探究了人類口腔發育的變化，認為其似乎與遺傳基因（表觀遺傳學）的變化有關。[183][184] 許多變化似乎與近幾代人使用的餵食做法有關，如：引入醫用奶瓶和食用柔軟且方便的食物，例如：袋裝食物泥和雞塊中的肉泥。綜合牙科醫師 Steven Lin 討論了這些議題，並在他的著作《牙科飲食：牙齒、真正的食物和改變生活自然健康的驚人發現》（*The Dental Diet: The Surprising Link Between Your Teeth, Real Food, and Life-Changing Natural Health*, 2018）中提出了扭轉這個問題的飲食。[185] 不當和不恰當的餵食和飲食習慣似乎正隨著時間的推移改變人類。因此，發育不良的下顎、舌繫帶和唇繫帶，以及有限或缺乏的吸吮墊可能與我們幾代人以來的飲食和餵食方式變化有關。

此外，現今我們與嬰兒使用的日常擺位可能會影響整體身體發展中的變化。嬰兒通常很少俯臥或側臥，太常採仰臥姿勢。他們似乎從**建議的仰臥睡姿**（required sleeping on the back）適應到各種型態的座器（如：汽車座椅、搖籃和嬰兒座椅）。許多嬰兒被放置在重力無法幫助全身發展的擺位（例如：

照片 2.4：Cannon（6.5 個月）和 Diane 在監督下目的性地使用俯臥姿勢一起閱讀。對於成年人來說，這也是一個很棒的姿勢。

核心的發展或姿勢控制，以及下顎向前生長）。事實上，將嬰兒持續以背躺姿勢放置在座椅中，可能會導致許多治療師、兒科醫生和父母現在所看到的粗大動作和精細動作技能遲緩。詳見第 1 章「監督下目的性俯臥時間至爬行階段檢核表：在發展上可能被忽視的基本連結（出生至 7 個月）」。

腹部時間、側臥和其他身體姿勢（從出生開始監督且目的性地進行）；以及翻滾、腹部貼地爬行和腹部離地爬行是身體整體發育的基礎，包括有前後、對側、對角線和旋轉的身體運動。如果身體沒有發生這些動作，在口腔中也不太可能發生（精細動作功能的區域），進而能導致下顎發育不良，以及牙齒萌發、餵食、說話和其他技能發展遲緩。請參閱第 1 章「重要發展檢核表」。

舌頭、嘴唇和臉頰限制

雖然大多數人都有舌繫帶和唇繫帶（將舌頭附著在嘴底，將嘴唇附著在牙齦上的組織），但有些孩子的組織中在出生時就受到嚴重的限制，限制了典型的口腔運動，稱為**繫帶限制**（frenum restrictions）、**繫帶結**（ties）或**口腔繫帶過緊**（tethered oral tissues）。這些限制導致的緊實度會使一個或多個結構無法正常移動和執行，明顯限制下顎、舌頭、嘴唇和臉頰的動作。這些動作是高效且確實餵食所需要的，也是整體口腔和呼吸道發展的必要條件。[186]

理想情況下，所有嬰兒在出生時都應進行舌頭、嘴唇和頰（臉頰）繫帶的篩檢，然而，這不是例行公式。這些限制通常發生在子宮內的早期口腔發育期間。[187] 據信，它們是由殘留的彈力阻抗（strech-resistant）組織（第一型膠原蛋白）引起的，因這些組織在妊娠當中的細胞凋亡或細胞程序性死亡期間沒有被身體重新吸收。這些類型的限制會抵抗拉伸，需要手術才能放鬆。[188][189] 它也可能受遺傳影響，而男孩受到的影響似乎比女孩更大。[190][191][192]

嬰兒在子宮內就會吮啜（suckle）和吸吮（suck），因此那些明顯舌繫帶過緊和唇繫帶過緊的嬰兒，甫出生時就使用著不適應的代償性吸吮動作。隨

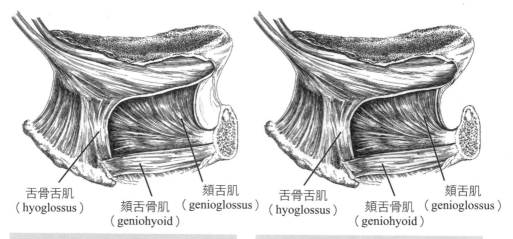

舌骨舌肌（hyoglossus）　頦舌骨肌（geniohyoid）　頦舌肌（genioglossus）　　舌骨舌肌（hyoglossus）　頦舌骨肌（geniohyoid）　頦舌肌（genioglossus）

「**前舌繫帶過緊**（典型的舌繫帶過緊），短繫帶附著在舌尖（或距離舌尖幾毫米）上，並附著在下顎骨上。更明顯的舌繫帶過緊個案可能會限制舌頭上抬、捲曲、側移和外吐。」

圖 2.7：圖片和文字由 Bobak Ghaheri 醫生，ENT（drghaheri.com）提供。

「**後舌繫帶過緊**為個案的舌頭前段可自由活動，但舌頭中段移動時存在限制。沒有明顯的可見繫帶，但頦舌肌受到異常的膠原筋膜附著物的限制。這類限制在舌頭上抬和捲舌時最為明顯。通常有後舌繫帶過緊的孩子，看似可良好地外吐舌頭，但進一步檢查後發現，舌頭下的繫帶迫使舌頭蜷縮成弧形。」

著嬰兒的成長，這些代償性動作會導致口腔及面部結構和功能有顯著的差異，最終導致需要齒顎矯正和／或其他治療。在親餵哺乳時，我們發現有這些限制（如舌繫帶過緊）的嬰兒常出現以下問題，如：尋乳困難、乳頭問題（變形、潰瘍、疼痛、破裂或乳頭出血）、乳腺阻塞、腸胃道問題（胃食道逆流、脹氣）或難以安撫等。然而，可能還有其他原因導致或促成這些問題，例如：吸吮墊有限或微小的肌肉功能問題（通常是輕微的下顎無力）。如果你認為你的孩子有舌繫帶過緊或唇繫帶過緊，請向長期診斷和治療這些問題的合格專業人士諮詢。

　　舌繫帶過緊有不同類型：前、後、黏膜或黏膜下（隱藏）。如前所述，舌繫帶過緊會阻礙舌頭在親餵哺乳[193]和瓶餵期間的正常移動。隨著孩子年齡增長，還會妨礙吃、喝和說話等典型口腔功能。舌繫帶過緊會導致口腔頂部照片 2.5：照片和文字經兒童牙科醫師 Larry Kotlow 許可提供（www.kidsteeth.com）。Kotlow 醫師著有《急救四 TOTS：口腔繫帶過緊、舌繫帶與唇繫帶》（*SOS 4 TOTS: Tethered Oral Tissues, Tongue-Ties & Lip-Ties,* 2016）。

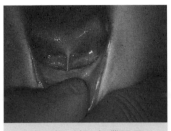
第四類 前舌繫帶過緊

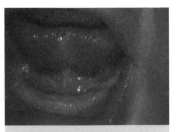
第二類 後舌繫帶過緊

高而狹窄，舌頭應該停留在上顎（口腔的頂部），以幫助保持上顎呈寬闊的「U」型。口腔的頂部同時也是鼻腔的底部。如果上顎變得又高又窄，鼻腔區域通常會變小且難以暢通，進而可能導致不健康的口呼吸。

　　長期張口呼吸是不正常的，如果不進行治療，可能會導致嚴重的健康問題。口呼吸的兒童通常有扁桃體和／或腺樣體增大、過敏、呼吸道疾病增加、牙齒萌發和蛀牙問題、心臟問題、低舌位休息（low-resting）、舌頭外吐（tongue thrust）或異常的口腔吞嚥，以及睡眠障礙的呼吸。[194][195][196][197][198] 鼻呼吸對人類來說是正常且自然的，可以過濾空氣中可能導致疾病的碎屑和病原體，還會溫暖空氣，促進身體運動、血液氧合、良好新陳代謝和整體健康所需的深呼吸。此外，鼻呼吸還可以減輕壓力。

　　雖然對唇繫帶和頰繫帶的研究很少，但明顯的唇繫帶可能會影響親餵哺乳、瓶餵、吃、喝、牙齒發育和說話。特別是在上唇和牙齦之間受到大量限制的組織，會阻礙嬰兒在乳房或奶瓶上獲得適當的唇部閉合閂。

　　臉頰（頰部）限制會影響嘴唇和臉頰的運動，因為臉頰可以幫助啟動嘴唇。隨著年齡增長，大型頰繫帶可能會干擾口腔衛生，但除非繫帶顯著影響臉頰運動或將牙齦從牙齒上拉開，否則這些繫帶通常不會被矯正。根據我的經驗，我見過舌繫帶過緊和唇繫帶過緊同時出現。因此重要的是，如果一個區域受到限制，必須一起檢查其他限制。有些限制（**不是**由第一型膠原蛋白

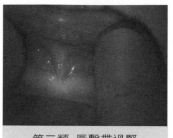
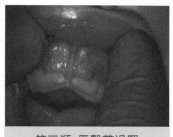

第二類 唇繫帶過緊　　　　第三類 唇繫帶過緊

照片 2.6：照片及文字經兒童牙科醫師 Larry Kotlow（www.kidsteeth.com）許可提供。Kotlow 醫師著有《急救四 TOTS：口腔繫帶過緊、舌繫帶與唇繫帶》（*SOS 4 TOTS: Tethered Oral Tissues, Tounge-Tie & Lip-Tie*, 2016）。

引起）可以透過使用適當的餵食和促進技術（如：按摩、拉伸和運動）來解決，這些限制可能是由於舌頭肌肉使用不當造成的。

　　有嚴重限制的嬰兒，通常是由殘留的彈力阻抗組織造成限制正常口腔功能，需要以雷射、手術刀或其他治療人員指定的適當儀器移除，並由訓練有素的牙醫、口腔外科醫生、耳鼻喉科醫生、兒科醫生或其他醫生來進行手術。最廣泛用於放鬆過緊口腔組織的兩個手術是**舌繫帶分離術**（frenotomy），用以分開一些組織；以及**舌繫帶切除術**（frenectomy），用以切除一些組織。[199]孩子和外科醫生的技能會有個別差異，但這些是疼痛極小的簡單門診手術。請在你所在地區找尋具有適當培訓、經驗和後續護理的專業人員。

　　此外，重要的是要選擇適合你和孩子的手術程序。雷射手術是一個很好的手術方式，在善後護理或傷口護理期間，嬰兒或兒童要忍受必要的拉伸動作；需縫合的手術刀或剪刀手術方式，可能不允許拉伸，被外科醫生認為是更適合舌繫帶手術的兒童。有些醫生（如 Soroush Zaghi）會進行**功能性繫帶成形術**（frenuloplasty），這是一種涉及鈍剝離和銳剝離的舌繫帶切開術，可完全放鬆過緊的口腔組織，修復覆蓋的黏膜。根據孩子的年齡和合作度，該手術由手術刀或剪刀進行，並進行某種形式的麻醉（局部或全身）。傷口屬於一級癒合，因為傷口邊緣是透過縫合線結合在一起。在手術後幾天內，經醫生允許後，通常可在訓練有素的治療師指導下開始進行適合該年齡的口腔活動（餵食、運動言語和／或口腔感覺動作活動）。

有些醫生會使用雷射以放鬆過緊的口腔組織。傷口屬於二級癒合，因為傷口的邊緣沒有結合在一起進行癒合。因此，需要在一段時間內進行特定的日常伸展，以幫助口腔正常癒合。有些雷射手術可以在不麻醉的情況下完成。

所選擇的手術程序通常取決於父母、子女和手術提供者。以下是幾個相關的網站，可以供你探索當中的一些差異：

學術單位	網址
Dr. Rajeev Agarwal, Pediatrician	www.agavepediatrics.com
Dr. Bobak (Bobby) Ghaheri, Otolaryngologist	www.drghaheri.com
Dr. Marjan Jones, Integrative Dentist	www.enhancedentistry.com.au
Dr. Lawrence (Larry) Kotlow, Pediatric Dentist	www.kiddsteeth.com
Dr. Shahrzad (Sherry) Sami, Pediatric Dentist and Orthodontist	www.happykidsdentalplanet.com
Dr. Soroush Zaghi, Sleep Surgeon Sanda Valcu-Pinkerton, Myofunctional Therapist	www.zaghimd.com www.thebreatheinstitute.com www.myofunctionaltherapyla.com

在實務中，我會為這些手術提供術前和術後護理——除非組織在出生時就已經被放鬆了，我會按照流程給予術後護理。在手術之前，我會儘可能評估和促進結構中更多的運動範圍。事後護理包括協助父母讓孩子上抬舌頭（雷射手術），並教孩子如何以典型的方式移動下顎、舌頭、嘴唇和臉頰，以便吃、喝和說話（一旦外科醫生同意，我們就可以開始這些過程）。本書涵蓋了適當的餵食、吃和喝的活動，另有其他活動和資訊可參見 Diane Bahr 的著作《沒有人告訴我（或我的母親）這些！從奶瓶及呼吸到健康言語發展的一切》（第 4、5、7 和 8 章）。

　　此過程類似於大多數手術所提供的術後護理，讓身體部位透過復健和日常家庭活動學會正常移動。放鬆過緊的口腔組織是一個相對簡單的手術，其術後護理運動和伸展運動可以成為兒童日常生活例行的一部分。通常只需要幾分鐘，把運動當作口腔衛生、餵食和玩耍的一部分。父母需要訓練有素的專業人員來指導他們進行適當的術前及術後護理。在我看來，團隊導向是最好的。團隊通常包括外科醫生、口腔感覺動作治療師（專門從事餵食和口功能的人）、合格的兒童體能訓練師（從事兒童全身體能增進人員）、父母、嬰兒和其他需要的人。

　　國際泌乳顧問（IBCLC）、餵食治療師和口肌功能治療師的工作都與口功能有關。餵食治療師通常是語言病理學家或在餵食方面有豐富經驗的職能治療師，口肌功能治療師則是語言病理學家或牙科專業人員，他們接受過專門培訓，可教導個案將舌頭放在正確的休息位置（口腔頂部）、成熟的口腔期吞嚥型態以及許多其他相關的培訓。吞嚥的**口腔期**（oral pnase）就是發生在口腔中。

　　顱骨科醫生、物理治療師、顱骶（顱薦椎）治療師、按摩治療師和其他人員都接受過身體相關工作培訓。我個人接受過全身按摩、顱薦（顱薦椎）治療、口肌放鬆和其他培訓，同時也是一名經過認證的嬰兒按摩講師。然而，我會把嬰兒和孩童轉介給和我一起合作的專門從事身體的專業人士，這樣我就可以專注於孩子的餵食、吃、喝和／或說話。正如我們稍早所討論的，整個身體是共同運作的，如果孩子的身體沒有正常的移動和運作，那麼嘴巴就很難有良好的移動和運作。

　　以下提供與過緊的口腔組織相關的資源：

- 　《嬰兒舌繫帶和唇繫帶雷射切除術彩色地圖集》（*Color Atlas of Infant Tongue-Tie and Lips-Tie Laser Frenectomy*）。Robert Convissar、Alison Hazelbaker、Martin Kaplan 與 Peter Vitruk 著[200]

- 《揭開舌繫帶的神祕面紗：自信地分析和治療舌頭過緊的方法》（*Demystify the Tongue Tie: Methods to Confidently Analyze and Treat A Tethered Tongue*）Char Boshart 著 [201]

- 《功能性評估和補救過緊的口腔組織》（*Functional Assessment and Remediation of Tethered Oral Tissues*）。Robyn Merkel-Walsh 與 Lori L. Overland 著 [202]

- 《請放鬆我：過緊口腔組織（TOT）謎題》〔*Please Release Me: The Tethered Oral Tissue (TOT) Puzzle*〕。Patricia Pine 著 [203]

- 《急救四TOTS：口腔繫帶過緊、舌繫帶與唇繫帶》（*SOS 4 TOTS: Tethered Oral Tissues, Tongue-Ties & Lip-Ties*）。Lawrence A. Kotlow 著 [204]

- 《親餵寶寶吸吮的技巧支持》（第三版）（*Supporting Sucking Skills in Breastfeeding Infants*）（Third ed.）。Catherine Watson Genna 等人著 [205]

- 《舌繫帶：超越親餵哺乳。給家長的診斷、分類和善後護理指南》（*Tongue Tie: Breastfeeding and Beyond. A Parenst' Guide to Diagnosis, Division and Aftercare*）。Catherine Horsfall 著 [206]

- 《舌繫帶──從困惑到清晰：舌繫帶結的診斷和治療指南》（*Tongue Tie — from Confusion to Clarity: A Guide to the Diagnosis and Treatment of Ankyloglossia*）。Carmen Fernando 著 [207]

- 《舌繫帶：成因、影響、評估和治療》（*Tongue-Tie: Morphogenesis, Impact, Assessment and Treatment*）。Alison Hazelbaker 著 [208]

3

良好的母乳餵養和奶瓶餵養習慣，以及如果出現問題該怎麼辦

張偉倩

餵食寶寶的最佳擺位及其原因

擺位會影響寶寶進行正確進食的能力。無論你選擇親餵哺乳和／或瓶餵，請檢視你是否可以遵循這些指南，為你和你的寶寶找到最佳餵食擺位。

在親餵哺乳時：

1. 保持寶寶的頭部與寶寶的身體對齊（頭部、頸部和身體呈一直線）。你的哺乳顧問（最好是國際泌乳顧問）可能會教你用下巴引導寶寶尋乳。這可以幫助寶寶張大嘴巴，讓乳房深深地被含進寶寶的嘴裡。一旦寶寶吸著乳房，他的鼻子可能會靠近你的乳房（取決於你使用的擺位），這使得寶寶的脖子適當伸展，不至於過度伸展（頭部和頸部後仰太遠）。親餵哺乳的嬰兒應該保持寬闊、持續的閉合閂（latch）。

2. 不要讓寶寶的頭和脖子向後伸展得太遠。頭部和頸部過度伸展（hyper-extension）會導致寶寶口腔內出現一些不規則的模式。這些模式包括：下顎過度運動，如咬響牙齒（chomping）、舌頭過度外伸（protrusion）、舌頭弓起（humping）或隆起（bunching）──這是絕對不正常的，以及向下咬緊以保持穩定（造成親餵哺乳的母親很痛）。

3. 與你的泌乳顧問（最好是國際泌乳顧問）合作，為你和你的寶寶提供理想的親餵哺乳擺位。你可在 www.ilca.org 上的目錄找到有認證的哺乳顧問。再次強調，我建議你與國際泌乳顧問合作。

我個人喜歡悠閒背靠（laid-back）的姿勢，這是一種自然的親餵哺乳姿勢。如果你的寶寶在出生時做乳房爬行，你則可能會呈現這個哺乳姿勢。你以一個舒適的角度斜倚（也許 45 度以上），你的寶寶和你肚子對肚子躺在一起。寶寶的頭和腳的位置，與你的頭和腳的方向相同（頭向上和腳向下）。寶寶的嘴在你的胸前，當寶寶張開嘴閂住你的乳房時，他的下巴會被重力引導。親餵哺乳的嬰兒應該保持寬闊、持續的閉合閂。大多數嬰兒出生時下顎骨突出或下顎後縮，下顎看起來很小，而且向後拉。悠閒背靠的親餵哺乳姿勢讓寶寶能控制來自乳房的母奶，而不是由重力控制母奶的流動，此外，寶寶還可以與你進行眼神交流。

Suzanne Colson 等人撰寫了許多關於親餵哺乳姿勢的文章。[209][210][211] 探討相關的研究，包括適當親餵哺乳姿勢的照片。Col-

照片 3.1：Ali 正在以美麗的搖籃式親餵 Leo。Leo 的身體很好地排列成直線。Ali 得到了很好的支撐，而且有點斜靠，她看起來很放鬆。照片提供：Ali。攝影：Alexandria。

son 等人表明，新生兒可能自然是腹部餵食者，反重力反射有助於寬闊、持續的閉合閂。此論點支持了使用悠閒背靠的親餵哺乳姿勢以幫助寶寶的下巴向前生長（對適當的下顎發育至關重要）。

如果嬰兒的吸吮墊很薄或缺少，搖籃式（cradle hold）是一個很好的擺位，因為這個姿勢可以讓媽媽擠壓一些母乳，讓寶寶開始或繼續進食。媽媽也可以使用舞者手勢或改良式舞者手勢，小心地支撐寶寶的臉頰，以彌補出生後發育不足或缺少的吸吮墊。我們將在本章後續仔細討論如何給予臉頰支撐的應用。[212][213][214][215][216][217][218][219][220]

如果寶寶的閉合閂很弱，有些媽媽最初會使用側臥式（side-lying）親餵哺乳。媽媽側躺在適當且舒適的枕頭，寶寶的頭可以枕在你的下臂或正確摺疊的毛巾上。媽媽上方的手可以協助擠壓母奶，並在需要時細心地提供臉頰支撐。側臥式消除了一些重力的影響，如果寶寶缺少或吸吮墊不足，這個姿勢還允許媽媽擠壓母奶來幫助寶寶吸吮，並使用舞者手勢或改良式舞者手勢（在本章後續討論）。一旦媽媽和寶寶在這個姿勢上抓到節奏，媽媽就可以從側臥式直立改為悠閒背靠的母乳哺餵姿勢。其他姿勢，如交叉搖籃式（cross-cradle hold）和橄欖球式（football hold），同樣也非常有效。你可以使用任何適合你和寶寶的姿勢進行親餵哺乳。你的哺乳顧問（最好是國際泌乳顧問）將幫助你找到一個好的擺位。這甚至意味著，根據 IBCLC 的建議，你會較常偏好用其中一邊的乳房哺餵。

如果你的寶寶親餵哺乳適當，液體不太可能進入寶寶的耳咽管，因為口腔和鼻咽內的壓力是平衡的。母乳是活組織，如果母乳進入耳咽管，巨噬細胞活性會破壞大多數細菌。[221] 巨噬細胞是母乳中數量最多的細胞，似乎具有抗菌特性，有助於嬰兒發展健康的免疫系統。[222][223][224][225] 我們將在下一節討論耳咽管。

在瓶餵哺乳時：

1. 保持寶寶的頭部與寶寶的身體對齊（頭部、頸部和身體呈一直線）。

2. 不要讓寶寶的頭和脖子向後伸展。頭部和頸部過度伸展會導致寶寶口腔出現一些不規則的模式。這些模式包括：過寬的下顎運動、舌頭過度外伸、舌頭弓起或隆起、向下咬緊以保持穩定，以及咬響牙齒。

3. 將寶寶的耳朵保持在比嘴巴高的位置，這樣液體就不會進入耳咽管。也就是以大約 45 度以上的角度將寶寶直立。隨著孩子的成長，他可能會越來越直立，這對瓶餵的寶寶來說很關鍵。如果你的瓶餵寶寶被擺位在水平 45 度至 90 度，那麼即使水平握持（直直的，不向上或向下傾斜）奶瓶也可以，重力不會使液體流動得太快。這個過程適合嬰兒引導的瓶餵節奏。

照片 3.2：Anthony（4 個月）與他媽媽和 Diane 一起使用「嬰兒引導的瓶餵節奏」時，呈直立坐著，手－口連線得很好。他的耳朵位置比嘴高，所以配方奶不會進入他的耳咽管。

4. 使用「嬰兒引導的瓶餵節奏」，與親餵哺乳有一些相似之處。[226] Diana West 和 Lisa Marasco 的《親餵哺乳的母親產出更多母奶指南》（*The Breastfeeding Mother's Guide to Making More Milk*, 2009）包含關於「嬰兒引導的瓶餵節奏」的詳細資訊。[227] 網路上也能找到演示此一過程的影片。你的哺乳顧問（最好是國際泌乳顧問）可以幫助你學習這項技巧。

A. 用奶瓶的奶嘴頭輕撫寶寶的嘴唇。

B. 當寶寶張開嘴，表示願意接受奶嘴頭時，將奶嘴頭轉入寶寶的嘴裡。

C. 將奶嘴頭略微傾向寶寶上顎，讓寶寶在吸吮加速之間休息一下。隨著寶寶年齡的增長，吸吮加速時間會越來越長。

D. 除非你的哺乳顧問（最好是國際泌乳顧問）推薦不同的流速以更好地配合牛奶流量，否則請使用慢速的奶嘴頭。

E. 保持寶寶的身體以 45 至 90 度直立。隨著寶寶年齡的增長，角度會逐漸增加。

F. 讓奶瓶維持水平，減少重力對液體流動的影響，以讓寶寶需要從奶瓶裡吸出液體。

G. 遵循寶寶飢餓的線索，避免過度餵食。本章後續將討論這些線索。

你可能想知道：「為什麼在瓶餵時要讓寶寶耳朵的位置高於嘴巴？」 雖然尚待研究，但長期以來一直懷疑，躺著瓶餵的嬰兒耳朵和鼻竇感染的發生率較高，這與耳咽管的位置、鼻竇的位置和重力有關。

新生兒的**耳咽管**（eustachian tube）較為水平，隨著年齡增長而變得越來越垂直。每個耳咽管（通向耳朵）從鼻咽後部（鼻腔與喉嚨相連的地方）通向耳膜後面的中耳空間。如果嬰兒躺著瓶餵，液體更有可能進入嬰兒的耳咽管，因為重力可能會將液體向下拉入中耳。耳咽管需要保持開放，以平衡中耳空間的壓力。

如果奶瓶或胃裡的內容物（由於食道逆流或溢奶）進入耳咽管，則會進入耳膜後面的中耳空間。這個空間本質上是一個竇（sinus），由製造黏液的黏膜構成。如果有異物進入這個區域，身體在試圖清除異物時會產生更多的黏液。黏液堆積在中耳間隙可能會造成耳部感染。

當足月嬰兒出生時，一種膠質[228]填補了中耳空間。然而，這種膠質會在幾週內出生後被吸收，留下一個開放的中耳空間。中耳包含三小聽骨，可幫助耳膜向內耳傳達聲音。如果中耳空間充滿液體或受感染的黏液，或者耳咽管關閉，則可能會造成明顯的聽力損失（如 30 分貝的聽損），[229][230] 而對話中的言語大約為 65 分貝。擁有健康的中耳對孩子的聽力、言語和語言發展都很重要。

中耳液體或耳咽管功能障礙會扭曲孩子聽到聲音的方式，變得近似於可能與你用手指捂住耳朵或在水裡聽到聲音。當飛機下降時，你可以體驗耳咽管關閉和暫時聽力喪失。從出生起，孩子就一直在學習區辨自己語言的聲音，[231] 不同的語音可以讓孩子學習言語和語言。因此，孩子的中耳需要保持暢通，防止液體和感染，並使耳咽管保持開放。

鼻竇感染和鼻炎也可能由食道逆流（通常稱為溢奶）異物進入鼻腔和鼻竇區域引起。鼻竇感染或鼻塞會使寶寶很難呼吸和餵食。大多數父母會使用吸抽裝置來清除嬰兒鼻子裡多餘的黏液。如你所知，良好的鼻呼吸對健康至關重要，所以務必保持孩子的鼻子可以順暢呼吸。請與孩子的小兒科醫生和／或耳鼻喉科醫生討論，以找出清理寶寶鼻腔區域的最佳方法和產品（如適當的鼻腔噴霧劑）。

當嬰兒被餵食時，他們會以複雜的方式協調吸吮、吞嚥和呼吸。鼻塞或閉合的耳咽管可能會導致寶寶在餵食時掙扎，他可能會透過更多的口呼吸來代償。長期口呼吸是不健康的，幾乎無法充分協調吸吮、吞嚥和呼吸。瓶餵時，透過頭與身體對齊的直立姿勢（與地面呈 45 至 90 度角，耳朵位置高於嘴巴），你可以幫助你的孩子避免耳朵、鼻腔、鼻竇和其他相關問題。

在親餵哺乳或瓶餵期間，你的寶寶是什麼擺位？

請在「你要寶寶做的事情」和「你想改變寶寶的事情」之描述旁邊打勾。根據你的需要，與你的哺乳顧問（最好是國際泌乳顧問）和／或其他合適的專業人士討論。

你要寶寶做的事情	打勾處	你想改變寶寶的事情	打勾處
在餵食時，頭部、頸部、身體對齊。	☐	頭部和頸部轉向後方或向後傾斜太遠。	☐
在瓶餵期間，耳朵至少略高於嘴巴（身體和頭部直立，與地面約呈 45 至 90 度角）。	☐	耳朵沒有高於嘴巴，因為寶寶在瓶餵時平躺著或沒有與地面呈 45 至 90 度角。	☐
在親餵哺乳期間，身體處於正確的悠閒背靠式、搖籃式或交叉搖籃式、側臥式（腹部對腹部）或橄欖式。	☐	頭部和頸部轉向後方或向後傾斜太遠。	☐
在大多數親餵哺乳位置，寶寶的鼻子靠近乳房。在悠閒背靠式中，頭部和頸部輕微伸展（向上），下巴埋入乳房，鼻子則自由呼吸。	☐	頭部和頸部向後傾斜太遠。	☐
在親餵哺乳期間有一個寬闊、均勻和持續的閉合門；在瓶餵期間有一個分級變化的閉合門。	☐	在乳房或奶嘴頭上的閉合門很差。	☐

親餵哺乳或瓶餵可能會出什麼問題？

相對平坦的上顎、足夠的吸吮或脂肪墊、舌頭呈杯狀、緊密的口腔結構，以及分級且協調的下顎、嘴唇和舌頭動作，能讓寶寶（出生至 4 個月）達到治療師所說的**良好的口內壓**（good intraoral pressure）。[232 233 234 235 236] 如同體內許多其他系統一樣，口腔是一種壓力和活塞系統。如果口腔內沒有正確的壓力變化，液體就無法平穩輕鬆地移動到喉嚨進行吞嚥。這可能導致你的寶寶在餵食時更辛苦。

寶寶上顎應該相當平坦、寬闊，出生時是「U」形，**不高也不窄**。吸吮墊（脂肪球）應該填滿臉頰區域，使臉頰靠在牙齦上。舌頭在奶瓶或乳頭周圍應該呈凹槽或呈杯狀，而**不是**弓起、隆起或突出。同時，寶寶的舌根會適當移動，輕鬆地將液體從乳房或奶瓶輸送到喉嚨進行吞嚥。

如你所知，吸吮或脂肪墊是嬰兒臉頰上的脂肪球，在足月嬰兒（妊娠 40 週）出生前發育。隨著寶寶開始咀嚼，臉頰和嘴唇一起變得越來越活躍，並在 4 至 6 個月之間逐漸縮小。吸吮墊提供側面穩定性，而口腔頂部（上顎）和舌頭則在餵食期間為寶寶的嘴巴提供上下穩定性。

舌頭弓起或隆起（舌頭中部向上推）意味著口腔出了問題。舌頭隆起的嬰兒需要更努力才能從奶瓶或乳房中擠出液體，而且容易感到疲勞，他們的吸吮墊和／或臉頰控制可能不足。他們也可能有高而狹窄的上顎和／或舌繫帶過緊。嬰兒似乎會弓起或隆起舌頭，以達到口腔將液體向喉嚨吞嚥時所需的壓力變化。然而，這種代價對餵食並不高效確實，因為液體通常會溢出口腔，而不是透過呈杯狀的舌頭（tongue cupping）或舌頭的凹槽吞嚥。

此外，在營養吸吮和非營養吸吮期間，嬰兒的舌頭應在下牙床上方移動。如果嬰兒的舌頭沒有從下牙床和嘴唇中伸出來含住並把乳房拉進嘴裡，便會造成親餵哺乳困難。如果嬰兒的舌頭沒有伸出下牙床，他也會傾向於咬住或用力切咬媽媽的乳頭（哎喲！）或奶嘴頭，因為當乳房或奶嘴頭碰觸前牙齦時，會觸發正常和自然的咬合反射。舌頭不能正常向前移動的嬰兒可能舌頭受限、下顎不穩定和／或吸吮墊有限。

然而，有些嬰兒把舌頭向前伸得太遠〔稱為舌頭外伸（thrust）或舌頭過度突出（protrusion）〕。他們通常很努力，但卻無法從乳房或奶瓶中吸吮到奶水。舌頭外伸是一種**伸直協同模式**（extensor pattern），通常伴隨著頭部和頸部向後延伸得太遠。有些嬰兒這樣做可能是為了開啟呼吸道。試想心肺復甦（CPR）的過程，即人的頭部和頸部向後延伸以開啟呼吸道。在可能試圖開啟呼吸道的嬰兒中，經常看到的另一個模式是舌頭位於低和往前的位置，嘴唇之間可以看到舌頭休息。低舌位休息的位置和舌頭外伸（誇張的舌頭突出）會成為一種終生模式，並會影響呼吸道、口腔和牙齒的發育和形狀。高而狹窄的上顎通常與這些問題同時出現。[237] 臨床上，比起親餵哺乳的嬰兒，在瓶餵嬰兒中似乎觀察到更多的低舌位休息和誇張的舌頭突出。應該對具有低舌位休息舌頭、舌頭誇張突出的嬰兒進行評估，以判斷是否存在潛在的舌繫帶問題。請參閱第 2 章的「舌頭、嘴唇和臉頰限制」。

親餵哺乳或瓶餵期間的咬響牙齒、向下咬，或過度的下顎運動並不典型，表示嬰兒的嘴巴可能還不穩定。在這種情況下，嬰兒向下咬似乎是試圖穩定下巴，以利移動嘴唇和舌頭。嬰兒在餵食期間的口腔穩定性是由相對平坦的上顎、完整的吸吮墊、緊密的口腔結構、分級的下顎運動（下顎運動剛好足以進行活動）、適當的唇部閉合閂和呈杯狀的舌頭提供。如果口腔中沒有這種平衡，嬰兒往往會發展出代償性模式，進而影響他們的飲食和吞嚥的方式。這些適應不良需要儘可能糾正，如果這種模式得不到糾正，兒童在長大後通常需要神經肌肉再教育，稱為**口面部肌功能治療**（orofacial myofunctional treatment）。[238]

嬰兒應該有良好的餵食節奏——這意味著整個嘴巴有節奏地運動。營養性吸吮（寶寶吸吮母乳或配方奶）大約每秒一次，非營養性吸啜（反射）則大約每秒兩次。隨著寶寶在吸吮—吞嚥—呼吸程序變得更加熟練，他將不間斷地吸吮更長時間。親餵哺乳或瓶餵應該是一個相對安靜、平穩的過程，如果你的寶寶發出高音、吞吐聲（gulp）或其他掙扎的聲音，有可能是因為從奶瓶或乳房中流出的速度太快。

餵食期間，寶寶在做什麼？

請在「你要寶寶做的事情」和「你想改變寶寶的事情」之描述旁邊打勾。根據你的需要，與合適的專業人員合作，如：哺乳顧問（最好是國際泌乳顧問）、餵食治療師（語言病理學家或專門從事餵食的職能治療師）、小兒科醫生和／或其他人員。

你要寶寶做的事情	打勾處	你想改變寶寶的事情	打勾處
餵食時有均勻、簡單和分級的下顎移動（剛好足以進行活動）。	☐	餵食時有寬大的上下顎移動、咬或咬響牙齒（chomping）。	☐
舌頭呈杯狀或凹槽，形成奶嘴頭或乳房的形狀。	☐	舌頭弓起或隆起，從奶瓶或乳房中擠出液體。	☐
餵食時有均勻、簡單和分級的舌頭移動。	☐	有舌頭外伸、舌頭過度突出或舌頭受限。	☐
舌頭向前移動含住乳房（吸吮時舌頭緊靠在下顎），或在瓶餵時將舌頭伸出下牙床。	☐	無法將舌頭伸出下牙床，舌頭從嘴裡外伸，舌頭受限，和／或咬傷乳頭。	☐
有良好的閉合閥在乳房（寬而持續）或奶瓶（打開下巴剛好符合奶嘴頭，嘴唇均勻地張開）。	☐	經常因氣囊或接吻聲（kissing sound）而失去閉合閥。	☐
可以很容易地將液體吸入嘴裡。	☐	必須非常努力才能吸入液體。	☐
在餵食過程中有節奏和協調的吸吮、吞嚥和呼吸。	☐	發出吞吐聲（gulp）或者掙扎的聲音，喘氣和／或沒有良好的餵食節奏。	☐

選擇合適的奶瓶奶嘴頭

餵食是一個養育和聯結關係的過程。出於許多原因，父母選擇採用全瓶餵或偶爾瓶餵。瓶餵可以讓爸爸和其他人參與餵食寶寶，它給予媽媽極需的休息，讓其他人與寶寶建立聯結關係。瓶餵也讓媽媽得以離開寶寶一段較長的時間，而不會改變寶寶的餵食時間表。身為一名餵食治療師，如果可能的話，我更喜歡按照寶寶的需求來餵食。如果你用瓶餵寶寶，請參見本章上一節關於嬰兒引導的瓶餵節奏的資訊。

為寶寶選擇最合適的奶瓶和奶嘴頭有很多步驟。本書提供的指導方針旨在幫助你完成該過程。因為市場上有很多產品，如何為寶寶選擇合適的奶瓶可能會令人感到困惑。正因為瓶餵是一種餵食嬰兒的醫學方式，所以公司不斷試圖仿造出像媽媽乳房一樣的奶瓶奶嘴頭，或可讓嬰兒產生將乳房深深地拉入嘴裡的口內壓，且讓嬰兒有良好定位和良好吸力的奶瓶奶嘴頭。但目前沒有任何嬰兒奶瓶可以做到這一點。

基本上，你所要的是一個適合寶寶嘴巴的奶瓶奶嘴頭。如果你的寶寶嘴很小，你可能需要一個短而小的奶嘴頭，並有一個適當的閉合門區域；嘴巴較大的寶寶需要使用較長的奶嘴頭以及更大的閉合門區域。在我看來，最好給寶寶一個稍微短一點的奶嘴頭，而不是過長的奶嘴頭。一個過長的奶嘴頭可能會造成寶寶使用不正確的動作，如誇張的舌頭突出，進而對口腔發育產生負面影響。如果寶寶難以在奶瓶奶嘴頭上保持良好的閉合門，那麼可能是奶嘴頭太長。如果奶嘴頭太長，便容易在寶寶喝奶時經常進出嘴巴，使得餵食效率低下，寶寶也會很快地感到疲累。正如之前提到的，比起親餵的嬰兒，在瓶餵嬰兒中似乎更常觀察到低舌位休息和舌頭弓起、隆起或突出。對於低舌位休息和不規律舌頭動作的嬰兒，應該加以評估是否有潛在舌繫帶過緊的情況。請參閱第 2 章的「舌頭、嘴唇和臉頰限制」。

有一個簡單的測試，可以用來確定奶瓶的奶嘴頭長度是否為問題所在，以及寶寶的嘴唇和口腔是否具有足夠的壓力來保持閉合門。在瓶餵時，細心地支撐著寶寶的臉頰。如果臉頰得到適當支撐時，奶嘴頭會停止進出寶寶的嘴巴，那麼奶嘴頭的長度便不是問題。你需要為你的寶寶提供適當和細心的臉頰支撐，直到他學會使用下顎、臉頰和嘴唇的肌肉來保持閉合門。這就是治療師所謂的**動作計畫**（motor plan）。寶寶可能很快就可以學會這一點，所以你可能不需要長時間支撐他的臉頰（需支撐到寶寶學會在進食時將臉頰貼近側牙齦）。

適當地臉頰支撐應用（appropriately applied cheek support）意味著你只為寶寶提供確實和高效餵食所需的支援。這就像是一場舞蹈，由臉頰啟動嘴唇。因此，你要將大拇指靠近寶寶一面臉頰的中央，將食指或中指靠近另一面臉頰的中央。你的手虎口要放在寶寶的下巴下面。輕輕地向內按壓臉頰組織，並將手指輕微向前拉，以幫助啟動寶寶的嘴唇。注意不要把寶寶的臉頰擠得太緊，也不要用手指滑過臉頰組織，這可能導致液體太快速流入寶寶的嘴巴，覆蓋寶寶的呼吸道。如果發生這種情況，你會在餵食時聽到寶寶咳嗽、發出高頻的吞吐聲或其他異常聲音。一旦寶寶學會將臉頰貼近牙齦的動作計畫，就不再需要提供臉頰支撐。

謹慎地應用臉頰支撐，能幫助出生時吸吮墊缺少或不足的嬰兒以及臉頰肌肉張力差的嬰兒，獲得有效餵食所需的口腔壓力。你還可能會看到寶寶的舌頭呈杯狀（伴隨著臉頰支撐），因為你正在提供寶寶適當吸吮所需的側向穩定性。然而，如果在你提供細心的臉頰支撐時，奶瓶的奶嘴頭仍然繼續進出寶寶的嘴巴，你便需要替換適合寶寶嘴巴的奶嘴頭。產品標籤可能具有誤導性，寶寶可能需要一個和你預期中完全不同的奶嘴頭。例如，一些奶嘴頭被標記為適用於**早產兒、新生兒**或**迷你尺寸**，但可能是你寶寶的完美奶嘴頭尺寸。也就是寶寶需要一個適合自己嘴巴的奶嘴頭，而跟寶寶的週數發展無關。俗話說：「每把鎖都有一把鑰匙。」重要的是要找到正確的鑰匙。

在為寶寶挑選奶瓶奶嘴頭時，奶嘴頭形狀可能是另一個考慮因素。許多奶嘴頭是圓形的，讓舌頭可以呈杯狀圍繞。我更喜歡這種奶嘴頭，因為它們使舌頭呈杯狀。這對新生兒來說尤其重要，因為新生兒在喝奶時舌頭會呈現深深的杯狀。然而，一些嬰兒使用齒顎矯正奶嘴頭喝得更好，齒顎矯正奶嘴頭可以鼓勵舌尖向上向下移動，但自然界並不存在這種形狀的乳頭。如前所述，瓶餵與親餵哺乳是不同的過程。親餵哺乳是使嬰兒口腔從出生起就保持形狀的最佳方式。[239]

好的閉合閂意味著寶寶的嘴唇保持在奶嘴的閉合閂區域——奶瓶的奶嘴頭從本身展開出來的部分。寬闊的閉合閂區域可以改善口腔發展，儘管如此，在瓶餵和口腔發育方面還有許多尚待研究之處。目前大多數研究都在討論瓶餵的危害和親餵哺乳對口腔發育的價值。

如果你的寶寶已經使用適當大小的奶嘴頭，但仍然難以保持閉合閂，這代表他可能有下顎無力或其他困難，你可能無法自行判斷。如果你在此過程中需要幫助，請諮詢餵食專家（國際泌乳顧問和／或餵食治療師）。如前所述，提供細心的臉頰支撐應用，可以幫助你的寶寶適當補償薄弱的閉合閂，直到問題得到解決。在 Diane Bahr 所著《沒有人告訴我（或我的母親）這些！從奶瓶及呼吸到健康言語發展的一切》一書中，提供具體的活動來解決下顎弱化問題。

如果你對寶寶的奶嘴頭或乳頭上的閉合閂有持續的疑問或擔憂，請與專業人士合作，由適當培訓的職能治療師、語言病理學家、哺乳顧問、執業護士和小兒科醫生來幫助你。請諮詢你生產的醫院或專門從事餵食的醫院，找到可協助你的專業人員。以下是一些網站資源，可用於查詢餵食專業人員和餵食資訊：

資源	網站
餵養事好重要（Feeding Matters）	www.feedingmatters.org
新觀點（New Visions）	www.new-vis.com
國際泌乳協會（The International Lactation Consultant Association）	www.ilca.org
美國泌乳協會（The United States Lactation Consultant Association）	uslca.org
美國聽語學會（The American Speech-Language-Hearing Association）	www.asha.org
美國職能治療學會（The American Occupational Therapy Association）	www.aota.org

為寶寶選擇合適的奶瓶奶嘴頭

請在你「遇到的問題」和你「想嘗試的事情」的描述旁邊打勾。請與適當的專業人員合作，如：泌乳顧問（最好是國際泌乳顧問）、餵食治療師（語言病理學家或專門從事餵食的職能治療師）、小兒科醫生和／或依據需求的其他人員。

遇到的問題	打勾處	想嘗試的事情	打勾處
寶寶的舌頭不會呈杯狀包覆奶嘴。	☐	選擇圓形的奶嘴而不是齒顎矯正類型奶嘴。	☐
奶嘴頭在寶寶嘴中進出。	☐	細心地提供臉頰支撐。	☐
當給予適當的臉頰支撐時，奶瓶的奶嘴頭在寶寶嘴中進出。	☐	嘗試較短的奶嘴，即使標記為適合較小的寶寶。	☐

如果寶寶難以保持閉合門，該怎麼做？

如何在奶瓶或乳房上保持良好的閉合門是一個常見的問題。如前所述，如果你正在瓶餵，檢查奶嘴頭的大小和形狀很重要。此外，注意寶寶的擺位。

如果寶寶的頭部和身體不對齊，這可能會嚴重影響閉合閂。寶寶的頭、肩膀和臀部基本上應該呈直線。

如果你正在親餵哺乳，且你的寶寶難以保持閉合閂，請儘快諮詢你的泌乳顧問（最好是國際泌乳顧問）進行評估。泌乳顧問將評估寶寶的嘴巴，解決我們在這本書中討論的許多問題，並推薦所需的專家。在我的經驗中，我信賴泌乳顧問轉介給我合適的個案，並幫助家屬貫徹執行我的建議。我們會在團隊中依據需求與其他專業人士攜手合作。

在處理寶寶的閉合閂時，無論是親餵哺乳還是瓶餵，你可能都需要為寶寶提供一些細心的臉頰支撐。這是一項臨時的策略，幫助寶寶保持嘴巴所需的側面（或側邊的）穩定性，使寶寶的嘴唇向前以正確吸吮。適當的臉頰支撐可以幫助寶寶創造適量的口內壓，以便輕鬆有效地從奶瓶或乳房中吸入液體。

為了提供適當的臉頰支撐，請將大拇指放在寶寶一邊的臉頰上，將食指或中指放在另一邊臉頰上。輕輕但穩固地向寶寶的牙齦按壓，同時將手指稍微向前拉向寶寶的嘴唇。不要把手指往任何方向滑開。你會看到寶寶的嘴唇展開，因為臉頰的肌肉有助於移動嘴唇。你還可能會看到寶寶的舌頭呈杯狀，因為你正在為寶寶提供適當吸吮所需的側邊穩定性。

多年來，泌乳顧問一直教導媽媽們舞者手勢，也就是在哺乳時用手支撐嬰兒的臉頰和下巴。許多媽媽發現這種手勢很難維持，特別是在使用交叉搖籃式（跨越搖籃式）親餵哺乳姿勢時。因此，可能需要改變親餵哺乳姿勢。在搖籃式、側臥式或悠閒背靠式的親餵哺乳姿勢下，可以更容易地使用舞者手勢。

改良式的臉頰支撐可以與交叉搖籃式一起使用。重力往往是罪魁禍首，因為重力會將下臉頰向下拉，使下臉頰在親餵哺乳期間，不會靠近在牙床表面。當這種情況發生時，口腔中適當的壓力會消失。使用交叉搖籃式的親餵哺乳媽媽可以對寶寶的下臉頰表面施加溫和但穩固的壓力，以幫助寶寶彌補這個問題。

除了臉頰支撐，在需要時還可以給寶寶一點下巴支撐。將大拇指和食指之間的虎口放在寶寶的下巴下，以支撐下巴。最重要的是，不要阻礙寶寶的下巴上下移動，也不要強迫寶寶的下巴朝不自然的方向移動。提供下巴和臉頰支撐就像與舞伴自然流暢地跳舞一樣。

照片 3.3：Anthony（4 個月）與 Diane 一起演示了細心的臉頰支撐應用。當嬰兒出生時，若臉頰上缺乏吸吮或脂肪墊（如早產兒或近足月嬰兒），通常需要給予親餵寶寶適當臉頰支撐應用。在親餵哺乳的嬰兒中，這被稱為舞者手勢。然而，如果瓶餵寶寶沒有足夠的口內壓從奶瓶中正常飲食，他們可能也需要正確的臉頰支撐應用。

正確應用臉頰和下顎支撐可以幫助寶寶的閉合問。然而，這些通常是暫時措施。寶寶的嘴巴可能有些許困難而導致閉合問問題。若因難以辨別問題所在而有些擔憂，請向泌乳顧問（最好是國際泌乳顧問）和／或餵食治療師（通常是專門從事餵食的語言病理學家或職能治療師）等餵食專家尋求幫助。

幫助寶寶閂住乳房或奶瓶

在你「遇到的問題」和你「想嘗試的事情」的描述旁邊打勾。請與適當的專業人員合作，如：泌乳顧問（最好是國際泌乳顧問）、餵食治療師（語言病理學家或專門從事餵食的職能治療師）、小兒科醫生和／或依據需求的其他人員。

遇到的問題	打勾處	想嘗試的事情	打勾處
寶寶無法適當地閂住奶瓶（嘴唇無法閂住奶嘴展開的區域）	☐	使用大拇指和食指或中指提供細心的臉頰支撐應用；如果不起作用，請檢查奶嘴頭長度。	☐
寶寶無法適當地閂住乳房（乳房應該被深深地含入寶寶的口中，有寬闊且持續的唇閉合）	☐	• 使用交叉搖籃式、搖籃式或側臥姿勢時，細心地支撐下臉頰（改良的舞者手勢）。 • 使用搖籃式、悠閒背靠式或側臥式時，使用大拇指和食指或中指支撐臉頰（舞者手勢）。你需要在轉換另一面餵食時換手，以讓一隻手可以自由地提供支援。如果有需要，可以提供下顎支撐。	☐

如果液體流動過快或過慢，該怎麼辦？

判斷液體從乳房或奶瓶中是否流動太快的最佳方法，是傾聽寶寶在餵食時發出的聲音。媽媽的母乳會很快流出，液體也可能會過快地流出奶瓶的奶嘴頭。當這種情況發生時，寶寶可能會發出小小的高頻、吞吐（gulping）的聲音。為了防止液體進入呼吸道，寶寶的聲帶在閉合時會發出高頻的聲音。你可能還會聽到一些掙扎的聲音，就像寶寶在試圖清嗓子一樣。這意味著寶寶喝得太辛苦了，液體可能會嗆入或吸入氣管。如果寶寶快喘不過氣來，那絕對出了問題。

如果你聽到以上任何聲音，請找到減緩流速的方法。為了在親餵哺乳時快速放鬆，請將寶寶放置到更直立的擺位，以限制重力的影響。悠閒背靠式的親餵哺乳姿勢非常適合解決這個問題。側臥也可能是一個有幫助的位置，因為也可以限制重力的影響。你的泌乳顧問（最好是國際泌乳顧問）可以幫助你度過這個過程。

對於瓶餵嬰兒，可以透過選擇正確的奶嘴頭來控制流速，以配合寶寶的吸吮。有些奶嘴頭會比其他奶嘴頭流得慢，通常推薦慢流速奶嘴頭來進行「嬰兒引導的瓶餵節奏」。這種方法特別適用於同時親餵和瓶餵的嬰兒。儘管如此，你的泌乳顧問（最好是國際泌乳顧問）會建議最適合你的母乳流速的奶嘴頭。對於大多數瓶餵嬰兒來說，「嬰兒引導的瓶餵節奏」是一種很好的方法。

市面上有可調節流速的奶嘴頭，可以根據寶寶的吸吮能力調整流速。如果寶寶以任何方式喘息、吞吐或掙扎，可調節流速的奶嘴頭可以讓液體流動得更慢；隨著寶寶技能的提高，也可再調整加快液體的流動。如果寶寶吸吮得很弱，可調節流速的奶嘴頭將使寶寶更容易吸到奶，直到吸吮變強。隨著時間的推移，當你改變奶嘴頭的流速時，可以透過讓寶寶稍微更努力地吸奶（但不會到疲勞的地步）來幫助寶寶發展出更強的吸吮。在這個過程中，請與泌乳顧問（最好是國際泌乳顧問）或餵食治療師（語言病理學家或專門從事餵食的職能治療師）合作。

給瓶餵父母們的重要說明

請不要從原始設計修改寶寶使用的奶瓶奶嘴頭。有些父母為了加快流動速度，自行放大了奶嘴孔洞，但是奶嘴的流速過快會導致嚴重的口腔發育和吞嚥問題。有些父母剪開了奶嘴頭，讓與麥片混合的配方奶可以透過奶嘴頭流出，但當寶寶可以適當地使用湯匙或開口杯時，最好使用湯匙或開口杯給予寶寶麥片。如果寶寶難以從奶嘴頭上喝奶，請嘗試不同的奶嘴頭。然而，因為市面上奶瓶種類繁多，這個過程可能會有點手足無措。因此，你可能需要一名餵食專業人員來幫助你。

當我們談論液體流速時，我喜歡講**三隻熊**（The Three Bears）的故事。我們希望來自乳房或奶瓶的液體流速**正好適合**你的寶寶。如果液體流速太快，會導致寶寶咳嗽或窒息。為了保護呼吸道免受快速流動液體的影響，有些嬰兒學會舌頭後縮，這是一個很難改掉的習慣。如果液體流速過慢，為了運用更大的壓力，寶寶可能會弓起舌頭和／或舌頭外伸。對液體流速不當的最大擔憂是，寶寶可能會養成不正確的餵食習慣，從而影響往後一生的吞嚥。

來自乳房或奶瓶的液體流動

請在你「遇到的問題」和你「想嘗試的事情」的描述旁邊打勾。請與適當的專業人員合作，如：泌乳顧問（最好是國際泌乳顧問）、餵食治療師（語言病理學家或專門從事餵食的職能治療師）、小兒科醫生和／或據需求的其他人員。

遇到的問題	打勾處	想嘗試的事情	打勾處
親餵哺乳：乳汁太快流出。	☐	哺乳時，寶寶擺位更直立（悠閒背靠式）或側臥式；與你的泌乳顧問合作（最好是國際泌乳顧問）。	☐
奶瓶的奶嘴頭流速太快。	☐	換成慢速的奶嘴頭，並使用「嬰兒引導的瓶餵節奏」。如果需要，使用可調節流速的奶嘴頭。與你的泌乳顧問和／或餵食治療師合作。	☐
奶瓶的奶嘴頭流速太慢。	☐	換成流速更快的奶嘴頭，並使用「嬰兒引導的瓶餵節奏」。如果需要，使用可調節流速的奶嘴頭。與你的泌乳顧問和／或餵食治療師合作。	☐
很難找到正確的流速。	☐	諮詢從事餵食的專業人員，以取得協助。	☐

營養與水分補充（hydration）

有很多關於營養方面的良好資源。本書不是為了取代它們，而是為了引導你獲得適當的資訊。除了你孩子的小兒科醫生和已註冊的兒科營養師或營養師可能提供的資訊外，還有以下資源可供參考：

資源	網站
美國營養學會（Academy of Nutrition and Dietetics）	www.eatright.org
美國兒科醫學會（American Academy of Pediatrics）	www.aap.org www.healthychildren.org
艾琳莎特研究所（Ellyn Satter Institute）	www.ellynsatterinstitute.org
營養網（美國農業部贊助）（Nutrition. gov）	www.nutrition.gov

如果寶寶的嘴巴和消化系統不能正常運作，就很難獲得良好的營養。在了解寶寶的嘴巴是如何工作之後，讓我們來談談一些營養的基本知識。

適當的體重增加很重要。這意味著寶寶不應該超重或體重不足。親餵哺乳的嬰兒很少超重，因為他們吃飽後就停止進食。「有時吃多，有時吃少。」[240] 當親餵哺乳順利時，媽媽的母乳產量會根據寶寶的營養需求調整。因此，媽媽的營養與水分補充對嬰兒的營養與水合作用很重要。與你的泌乳顧問（最好是國際泌乳顧問）合作，為你和寶寶提供最好的親餵哺乳經驗。這裡有一些資源可以幫助你。

資源	網站
美國兒科醫學會（American Academy of Pediatrics）	www.aap.org www.healthychildren.org
親餵與瓶餵（Breast and Bottle-Feeding）	www.breastandbottlefeeding.com
親餵協助服務台（Breastfeeding Help Desk）	www.breastfeedinghelpdesk.com
凱莉媽媽育兒與親餵（Kellymom, Parenting and Breastfeeding）	kellymom.com
國際母乳會（La Leche League）	www.lalecheleague.org
自然養育（Nurturing Naturally）	www.nurturingnaturallylc.net
世界衛生組織（World Health Organization）	www.who.int/en

判斷瓶餵嬰兒是否獲得適當的營養有點棘手。原因之一是因為有些瓶餵嬰兒可能吃過量。作為一名治療師，我曾與許多嬰兒一起工作，這些嬰兒在營養需求得到明顯滿足後，為了獲得更多舒適感，會繼續從奶瓶裡喝奶。

瓶餵嬰兒也傾向出現更多過度溢奶的問題，技術上稱為**胃食道逆流**（gastroesophageal reflux）。親餵哺乳的嬰兒似乎不常出現這個問題，因為媽媽的母奶供應會根據寶寶的營養需求作調整。一般來說，比起配方奶粉，嬰兒對母乳消化得更好。

嬰兒的胃很小（大約和嬰兒的拳頭一樣大）。如果餵食超過嬰兒的胃半盎司，就可能會導致胃食道逆流（溢奶）和不適。你知道吃太多的感覺，所以如果受胃食道逆流所苦，你也能辨認到那個感覺跟你肚子吃得過飽很像。親餵哺乳和瓶餵的嬰兒都需要根據自己的需求自我調節飲食量。除非寶寶表現出生長不良和／或脫水的跡象，否則讓寶寶自

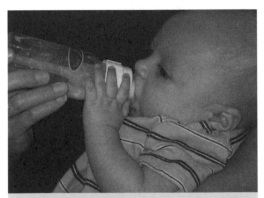

照片 3.4：即使 4 個月的 Anthony 感到昏昏欲睡，他的嘴唇還是在奶瓶上保持平均而良好的閉合門。他的手握住奶瓶，以建立手－口連線，Anthony 的肢體語言告訴我們：他想睡覺而且快喝完奶了。

己決定吃多少和多久吃一次是相當重要的。

寶寶也會經歷一些成長爆發，所以有某幾天寶寶會比其他天更餓。根據 Ellyn Satter 的說法，可預期的成長爆發會發生在 7 到 10 天、5 至 6 週以及 3 個月時。[241] 在此期間，餵食的量會有所不同。如果你開始關注寶寶的成長或者體重增加，在需要時請與你孩子的小兒科醫生和泌乳顧問（最好是國際泌乳顧問）、註冊的兒科營養師或營養師合作。追蹤寶寶生長的最佳方法是透過頻繁的體重和量測確認。小兒科醫生辦公室和大多數泌乳顧問都有磅秤和測量裝置。如果在家裡就有則更為方便，你可以考慮租或買一個嬰兒磅秤。

　　你孩子的小兒科醫生、泌乳顧問（最好是國際泌乳顧問）和／或註冊小兒科牙醫或營養師會提供生長曲線圖，幫助你追蹤寶寶體重、頭圍和身長的增加。許多營養資源也包含這些圖表。如果你正在親餵哺乳，請你的小兒科醫生使用世界衛生組織開發的生長曲線圖，因為有些生長曲線圖是基於配方奶餵食的嬰兒而訂定。配方奶寶寶的生長與親餵哺乳的寶寶有些不同。世界衛生組織與疾病控制和預防中心也開發了一些生長曲線應用程式。

　　如你所知，許多父母對孩子的營養感到焦慮，這可能導致一些父母過度餵食。雖然我認為這種擔憂是完全正常的，但它通常會導致日後的體重問題和餵食問題。如果你對寶寶吃多少感到緊張，寶寶可以感覺到你的情緒，進而餵食對你和寶寶感到壓力。我希望你在餵食寶寶時保持放鬆和自信，並隨時獲取有關營養和孩子成長狀況的良好資訊。

　　寶寶會傾向於吃自己需要的東西，並自我限制所吃的食物量。父母需要學習寶寶的肢體語言和溝通訊號，才能知道寶寶何時已吃飽。

寶寶的身體在告訴我什麼

　　在這個圖表中，你可以找到 Ellyn Satter 研究所裡有關嬰兒肢體語言的資訊。[242] 請在寶寶正在做的事情的描述旁邊打勾。

準備開吃	打勾處
眼睛比平常睜得更大。	☐
臉看起來很開心。	☐
手臂和腳在肚子前彎曲。	☐
碰觸嘴巴引發尋乳反射和／或含入嘴巴。	☐
寶寶可能吸吮手。	☐
最終反應是過分激動。	☐

準備休息	打勾處
可能暫停下來休息。	☐
暫停下來看你和／或與人互動。	☐
如何判斷你的寶寶吃飽了，或不太對勁	**打勾處**
吸吮速度變慢。	☐
寶寶把乳頭或奶嘴頭放掉。	☐
寶寶把臉轉走。	☐
如果你沒注意到上列訊號，寶寶會開始踢、蠕動、拱背或過分激動。	☐

請記住，寶寶的飲食量是個別化的，是基於自己的新陳代謝和胃的大小。年齡、生長率和活動層次也影響了這個公式。[243] 母乳和配方奶通常含有充足的水分，因此在 6 個月左右之前，你**不用提供寶寶額外的水**（除非寶寶的小兒科醫生另有指示）。小兒科醫生和泌乳顧問（最好是國際泌乳顧問）將指導寶寶在成長時所需的液體量（母乳或配方奶粉）。

市面上有專屬嬰兒的鐵強化配方奶粉，請讓孩子的小兒科醫生檢查你的寶寶是否需要額外的鐵。此外，如果你使用的配方奶粉須以水沖泡，請對水進行鉛和其他汙染物的測試。在寶寶出生後的 6 個月內，最好將沖泡配方奶的水煮沸三分鐘。[244] 曾有些是被召回的配方奶粉，所以請與孩子的小兒科醫生確認使用配方奶粉的安全性。據悉，預先調製的液體配方比粉末配方的汙染風險更小。

寶寶透過母乳或配方奶中獲得的水分對寶寶的身體有很大的影響。身體中 75% 和大腦中 85% 是水。[245][246] 水可「調節身體的所有功能」，[247] 透過將荷爾蒙、營養素和其他重要物質帶入身體細胞，保持身體的化學平衡；水還會清除這些細胞中的廢物。除非孩子的小兒科醫生指示，否則**不要給 6 個月前的寶寶多喝水**。

　　充足的水分補充與免疫系統功能有關。脫水會導致疾病，其特徵或症狀可能包括慢性嗜睡、慢性疼痛、便祕、腹痛、頭痛、壓力、憂鬱症、慢性上呼吸道疾病、哮喘、過敏、體重過重、糖尿病和睡眠問題。[248]

　　以下徵兆可能導致或表示寶寶生長不良和脫水：[249]

- 「尿尿和大便」減少

- 餵食量很少

- 餵食次數減少

- 睡眠過多

- 吸吮過弱

- 對餵食興趣不大

　　以下是明顯脫水的跡象。如果發生以下狀況，請立即聯絡寶寶的醫生，並帶寶寶去急診室。[250]

- 口乾且「尿尿」減少

- 哭泣時眼睛凹陷且眼淚很少

- 囟門凹陷

- 皮膚乾燥緊繃

- 脈搏和呼吸快速

- 皮膚呈現異常藍色

- 手和／或腳冰冷

- 無精打采、嗜睡或無意識

良好的湯匙餵食、杯子飲食、吸管飲食和咀嚼練習，以及如果出現問題該怎麼辦

廖婉霖

當寶寶 6 個月時，你將開始餵寶寶新的食物及液體。為了不要讓自己或嬰兒不知所措，所以你必須做幾個選擇。問問自己：「我最想先向寶寶介紹什麼？湯匙餵食、開口杯飲食、吸管飲食或是咬合及咀嚼呢？」寶寶大約 6 個月時已經準備好進行以上所有過程，因此你可以在數週內一一介紹它們。請記住，只需要二至三週的每日練習就可以養成一個新習慣，而且餵食、吃、喝是我們每天做好幾次的事情。

你的選擇會取決於環境的文化。在西方文化社會中，許多父母習慣在寶寶約 6 個月時教他們湯匙餵食或開口杯飲食，之後他們可能會選擇教吸管飲食或咬合及咀嚼食物。這樣一來，這些技能可以在相對短的時間內教授。如果你生活在不同文化，你可以根據文化來選擇不同的餵食寶寶過程。

正確的湯匙餵食、杯子及吸管飲食、咬合食物，**特別是**用後臼齒區**咀嚼**，可以促進最佳的口腔發展。這些餵食技巧在約 6 個月時，可以**照你選擇**的任何順序教導。如果你使用以「嬰兒引導的斷奶」（baby-led weaning），你可能會想先從可由你與寶寶手持的軟嬰兒餅乾或適合的軟質食物開始（可與孩子的兒科醫生討論）；如果你是母乳親餵，你可能會選擇先使用開口杯，因為其過程與母乳親餵最相似。最終，**安全咬合及咀嚼**對良好下顎發展至關重要。良好的口腔發展加上有效的食物及液體管理及良好的消化，支援身體足夠的營養。

消化始於口腔，唾液含有開始分解食物的酶，因此可以被人體代謝。應咀嚼食物夠長的時間以讓食物與唾液混合，最好咀嚼每一口食物達 20 次或以上。當你的孩子學會咬合及咀嚼不同質地的食物時，將會練習這項能力。請參閱第 1 章「飲食檢核表：出生至 24 個月」。

本書討論的方法結合你在寶寶出生後 5 或 6 個月學到的知識，可以減少日後牙齒矯正的需求（如顎擴張器或矯正器）。如果孩子在某個階段確實需要牙齒矯正，亦可以透過良好餵食及嚼食幫助孩子發展最佳口腔結構，最大限度減少矯正所需的工作。請參閱本章後續「合適的口腔物品和玩具」。

你和寶寶可能需要一點時間來練習書中的餵食技巧，不過這些技巧很容易應用，並且可以讓餵食變有趣，從長遠來看，可以節省時間及麻煩。不管如何，你都需要餵食寶寶，那為什麼不讓它成為愉快和成功的體驗呢？Harvey Karp 博士認為那些成功餵食及安撫嬰兒的父母是「感覺驕傲、自信並站在世界之巔！」[251]

當你和寶寶學習書中教導的令人興奮的新技能時，想一想你是如何學習任何新技能（像是網球發球、高爾夫揮桿、打字或跳交際舞）。你需要夠多持續和重複的練習來發展這些能力，這就是你跟寶寶在「餵食之舞」中所需要的。作為餵食夥伴，你們將一起學習新技能，幫助彼此感到快樂、滿意和成功。

在新餵食活動中如何擺位寶寶

在寶寶 6 個月之前，如果你開始湯匙餵食或開口杯飲食，寶寶通常不能自己獨立坐著。如前所述，除非寶寶兒科醫生建議，才會在 6 個月前開始餵食你的寶寶。如果寶寶還不會坐起來，你可以將寶寶安全地放置嬰兒座椅上進行湯匙餵食或開口杯飲食。可以將嬰兒座椅放在安全的桌上或是檯面上，這樣你可以跟寶寶平視。但是，切記不要讓寶寶處於無人看管的位置。重要的是，讓寶寶跟你保持眼神對視的良好姿勢，這樣寶寶可以跟你進行適合的眼神交流，讓寶寶的頭部與頸部保持良好位置，並與寶寶溝通。

在餵奶時如果你的頭高於寶寶的頭頂，寶寶將會抬頭看你以進行眼神交流，這樣會使寶寶的頭部與頸部過度伸展（太向後延伸）。還記得學習心肺復甦術（CPR）時，你是如何伸展人的頭部與頸部來打開呼吸道嗎？我們不希望寶寶的呼吸道在餵食中開得太寬，這樣可能會導致咳嗽或嗆咳。

如果你在餵食寶寶時站著或坐在寶寶的上方〔稱為雛鳥式餵食（bird feeding）〕，便是正在讓寶寶打開呼吸道，這樣會使吞嚥難以控制，並使寶寶面臨吸入或嗆咳的風險。同時還會促進口腔中擴展模式，像是寬大下顎動作及誇張的舌頭突出（tongue protrusion）〔也稱為舌頭外伸（tongue thrusting）〕，這些動作在日後會給你的孩子帶來終生的問題。如前所述，與

照片 4.1：Cannon（6.5 個月）及 Anthony（12 個月）使用 Maroon 小湯匙進食時，正坐在 Diane 的水平視線上，兩個孩子的頭部都處於中線位置。Anthony 正在與 Diane 一同協作，把湯匙放進自己的嘴裡。

母乳親餵嬰兒相比，瓶餵嬰兒似乎更常觀察到低舌位及誇張的舌頭突出。

對於有些低舌位且舌頭誇張突出的寶寶，應該評估舌繫帶，請參閱第 2 章的「舌頭、嘴唇和臉頰限制」。

到 6 個月時，大部分的寶寶可以獨立坐著。然而市面上大部分的高腳椅對許多嬰兒來說太大了，我選擇 Keekaroo、STOKKE Tripp Trapp chair、Svan Signet 或其他類似的椅子，這些椅子提供良好的姿勢支持，可以隨著孩子成長而調整，讓你保持在眼神平視的位置餵食寶寶。

在餵食時如何擺位寶寶？

請從表格描述中勾選符合「你要寶寶做的事情」，以及「你想改變寶寶的事情」。

你要寶寶做的事情	打勾處	你想改變寶寶的事情	打勾處
坐在適合的嬰兒座椅上，讓身體直立與地面呈 45 至 90 度角（在 6 個月前或坐起來）。	☐	沒有坐在穩定的座椅上，身體沒有直立與地面呈 45 至 90 度角（在 6 個月前或坐起來）。	☐
坐在適合寶寶的椅子上並進行適合的調整。	☐	沒有很好地坐在椅子上，身體沒有直立與地面呈現 90 度角。	☐
當餵食時可以直視我的眼睛。	☐	當餵食時要抬頭看我。	☐

下顎支持

　　除了將寶寶放在有支撐性的餵食位置外，你可能會發現下顎支持在一開始的湯匙餵食、開口杯飲食或吸管飲食時很有幫助。使用非慣用手（右撇子使用左手，左撇子則使用右手）來提供下顎穩定度。千萬不要用力或往任何方向去推壓寶寶的下顎，這會傷害寶寶。相反地，像扶住舞伴一樣扶住他的下顎，允許寶寶的下顎可以自然移動。你的寶寶將帶領這支舞蹈，而你正在跟隨他。下顎支持可以幫助你們彼此在學習新餵食技巧時更有安全感。

　　當你在眼對眼的水平面上面對寶寶時，你可以用非慣用手以好幾種方法來穩定寶寶的下顎。一種方法是將食指放在寶寶下顎骨下方，拇指則放在寶寶下顎上。另一種方法是將拇指及食指放在寶寶下顎骨上，然後以你的慣用手（右撇子使用右手，左撇子使用左手）使用下一節討論的方法來餵食寶寶。下顎支持將幫助你和寶寶更舒服、更有條理地學習新餵食技巧，寶寶也會感受較為安心，因為你在使用湯匙、開口杯或吸管到寶寶嘴巴前，會先提供穩定的觸感。

湯匙餵食

　　在你用湯匙餵食寶寶之前，先感受一下自己如何在嘴巴裡使用湯匙。買一些蘋果醬、優格、布丁或其他你喜歡吃的軟質食物。觀察你自己是如何從湯匙取下食物，以及從湯匙取下食物後你如何處理食物。這個練習會讓你更

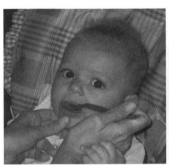
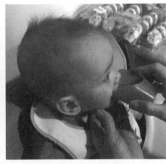

照片 4.2：Anthony（6個月）學習使用 Maroon 小湯匙時得到下顎支持。Cannon（6.5個月）學習使用粉紅小切口杯（cut-out cup）飲食時得到下顎支持。

了解嘴巴如何工作。

你如何使用湯匙進食？

將答案寫在問題旁的空格中。使用湯匙吃蘋果醬或其他軟質食物，並注意以下幾點。

問題	你的答案
你需要很大地張開下顎還是剛好符合湯匙的寬度？	
你的嘴唇有助於從湯匙取下食物嗎？	
你的舌頭是完全位在湯匙下方，或是你的舌尖抓住並引導湯匙？	
你把湯匙放進口中時，放得多深？	
你是把湯匙直接放進口中，或是使用某個角度？	

如果你需要傾斜湯匙手柄才能將湯匙從口中取下，可能代表你使用一個太深匙面（bowl）的湯匙，這是使用成人湯匙的常見問題。幸運的是，一些嬰兒湯匙不會有這個問題。大部分人將部分湯匙（取決於湯匙大小，可能是湯匙的二分之一到四分之三）放入口中，你的舌頭可能會往前抓住並引導湯匙進入口中。一旦你用嘴唇將食物從湯匙上抿下，你就會使用嘴巴控制食物，然後你的舌頭將食物集中收集再向後吞嚥。

湯匙通常會以一定角度放進嘴裡（從左側或右側最多45度），取決於你通常用哪一隻手拿湯匙進食。大部分的人會放置適量的食物在湯匙上，以讓嘴唇從湯匙上取下食物。下顎、嘴唇及臉頰負責將食物從湯匙取下的主要動作（下顎打開剛好符合湯匙的寬度，嘴唇及臉頰一起將食物從湯匙中取下）。

如何正確使用湯匙餵食寶寶

到目前為止，希望你的寶寶已經學會使用協調吸吮、吞嚥和呼吸模式來控制配方奶或母乳。從湯匙中取下食物，跟從奶瓶或乳房吸出液體非常不同。

許多父母以嬰兒米糊開始湯匙餵食。為了早點成功進行湯匙餵食，你可以：

- 一開始用水、配方奶或母乳混合嬰兒米糊，這樣就不會太濃稠、太黏稠或太稀薄──恰到好處。

- 幫助寶寶習慣嬰兒米糊的味道及質地，使用乾淨或戴手套的手指浸入米糊中，再用手指讓寶寶嘗試味道。或是讓寶寶將自己的手指浸入米糊中再將它們放進嘴裡。

- 幫助寶寶習慣湯匙。可以先讓寶寶握住湯匙，並在你的協助下放進寶寶嘴裡，手與嘴必須要一起工作。可以試試寶寶手握式湯匙，讓寶寶握住並浸入食物中，如：Num Num 或 ChooMee 的手握式湯匙。

- 開始湯匙餵食時，可以將湯匙浸入嬰兒米糊混合物，讓寶寶從湯匙前端品嘗米糊，而不是一開始就放適量的食物在湯匙上。

- 當你放更多食物在湯匙上，寶寶的舌突反射（tongue protrusion reflex）（可能是部分的吸吮反射）可能會將部分食物推出去。不需要擔心，你和寶寶需要一點時間來學習湯匙餵食新習慣。最終寶寶舌頭前半部會像抓住乳房一樣抓住湯匙，並將湯匙引導到嘴裡。

以下是良好湯匙餵食的一些特點：

- 使用貼合寶寶唇部、小且匙面平坦的湯匙（如：Maroon 小湯匙對此效果很好）。

- 放置少量或適量的食物在湯匙上。

- 將湯匙放到寶寶口中夠深的地方，這樣當寶寶下顎及嘴唇閉合時食物就可以被取下。

- 不要用寶寶的上唇從湯匙刮下食物。如果你發現自己這樣做的話，那就放慢速度。食物應該藉由下顎及嘴唇閉合來取下，所以湯匙不需要向上傾斜。

　　請確定湯匙尺寸適合寶寶的嘴，普通成人尺寸的湯匙通常都太大，匙面對寶寶的嘴來說太深了。有許多相對扁平匙面的小湯匙可以使用。

　　我最喜歡的湯匙是 Maroon 小湯匙，它小且扁平的匙面能讓寶寶闔上下顎並用嘴唇取下食物，被廣泛使用於世界各地的特殊餵食問題兒童上──不要因為這樣就不去使用它，這是一個美妙、容易使用的湯匙。請參閱下表，了解 Maroon 小湯匙及其他餵食工具的購買資訊。

　　以下為大部分商店很難找到的兒童專門餵食工具公司網站及連結。

公司	網站連接
ARK Therapeutic Services, Inc.	www.arktherapeutic.com
SuperDuper Publications	www.superduperinc.com https://hnl.com.tw/products.php?cid=28
TalkTools	www.talktools.com
Therapro	www.theraproducts.com

　　6 個月時，寶寶在足夠時間下可以在湯匙上閉合嘴唇。接下來幾個月，寶寶開始不需要依賴下顎來移動嘴唇、臉頰和舌頭。獨立的嘴唇、舌頭和下顎動作對於發展日益複雜的飲食及說話技巧是至關重要的。如果寶寶沒有學會這些技巧，很難從湯匙上取下食物，大量食物將殘留在嘴唇上。但是，如果寶寶嘴唇上有殘留一點點食物，除非必要，否則不需要擦拭，這些嘴唇上殘

照片 4.3：Anthony（6個月）協作將 Maroon 小湯匙放進他的嘴裡。Cannon（6.5個月）使用嘴唇清理 Maroon 小湯匙。

留的食物，能隨著寶寶的發展學會移動嘴唇及舌頭去移除。當寶寶開始湯匙餵食，時常會聽到雙唇音「m」，這說不定是我們吃到好吃食物會發出「mmm」的聲音的原因。

隨著時間及良好餵食技巧的發展，寶寶嘴唇及臉頰會慢慢愈加重要。到6個月時，寶寶的吸吮墊或頰脂墊慢慢從臉頰上消失，大約3到4個月時，寶寶開始咬手、手指或適合的口腔玩具（請參閱本章後續「合適的口腔物品和玩具」）。由此，咀嚼開始取代不再必須的吸吮墊及頰脂墊。嘴唇動作的成熟在8個月左右時會變得明顯，寶寶可以使用上唇從湯匙上取下食物。

當你用湯匙餵食寶寶時，放少量或適量的食物在湯匙上，注意不要放太多。適當的食物量讓寶寶可以區辨或感覺到湯匙上的食物量，進而適當控制食物。寶寶可以感受食物的質地、大小和形狀，這種口腔區辨（oral discrimination）對於有效控制嘴巴內的食物和液體是很必要的。寶寶約在5到6個月開始區辨性嚼食（discriminative mouthing），在吃、喝及說話時都會運用到。

如果你一次放置過多食物進寶寶的嘴裡，寶寶可能很難學會良好控制湯匙上的食物。在湯匙餵食期間，我們希望寶寶在吞嚥時練習分級的（恰到好處）下顎、嘴唇和臉頰的使用以及吞嚥的良好舌頭動作。這些是成熟吞嚥模式的前奏，約在11到12個月時出現。現在，讓我們學習幾種有效的湯匙餵食方式。

我們先學習自然湯匙餵食，這是你餵食自己的方式。

1. 將湯匙前半部直接放進寶寶口中，讓湯匙底部碰到寶寶的下唇。不要把湯匙放入寶寶嘴裡太深，記住你自己通常把湯匙放到口中的距離。

2. 當湯匙放到寶寶下唇時，等待寶寶的上唇降下靠近湯匙。一旦寶寶上唇靠近湯匙，以水平的方式將湯匙從寶寶嘴裡取出。你將從寶寶嘴裡水平（直接出來）拉出湯匙。

重要提示：不要將湯匙向上傾斜，用寶寶上唇或牙齦刮掉食物。以這種方式餵食的嬰兒無法學會用嘴唇有效控制食物，並且很難在之後學會正確使用嘴唇。你可以看到有些成人在進食時上唇沒有閉合或良好運作。你的寶寶可以具備在湯匙上闔上下顎和嘴唇的技巧，所以為什麼不讓他好好練習呢？

照片 4.4：Cannon（6.5 個月）使用 Maroon 小湯匙進行「自然湯匙餵食」時眼神交流，使用嘴唇取下湯匙的食物。

接下來我們將學習另一種方式：「側置（side-to-side）湯匙餵食」。Sara Rosenfeld-Johnson 和 Lori Overland 開發出這種湯匙餵食方式。[252]

1. 將湯匙一側放在寶寶嘴唇之間，讓寶寶可以用嘴唇從湯匙側邊取下食物。如果你使用類似 Maroon 小湯匙，湯匙邊緣可能會輕輕碰觸寶寶唇角。

2. 接著轉動你的手，讓寶寶可以從湯匙另一側取下食物。這種方式比較接近你用濃湯匙或冰淇淋湯匙的吃法，使用扁平匙面的湯匙讓這方法效果最佳。

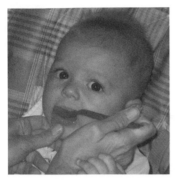

照片 4.5：Anthony（6個月）和 Cannon（6.5個月）使用 Maroon 小湯匙進行「側置湯匙餵食」（由 Sara Rosenfeld-Johnson 和 Lori Overland 所開發）。Anthony 有很好的手一口連結（他的手放在 Diane 手上）。Cannon 在 Keekaroo 椅子上坐得很好，與餵食者進行良好的眼神交流並且 Anthony 和 Cannon 都可以用嘴唇從湯匙上取下食物。

　　讓寶寶看著你用湯匙進食。寶寶很喜歡看人們的嘴巴，吃飯是一種社交體驗，看你用湯匙進食對寶寶很有幫助。如果你在寶寶進食時同步進食，這會讓寶寶在用餐時有自然的休息時間，你可以交替給寶寶吃一口，自己也吃一口。

　　當以湯匙餵食寶寶時，找到一個自然、輕鬆的節奏。這可能要取決於你跟寶寶的個性。然而重要的是，不要過於快速餵食寶寶，這可能會建立他終生的模式。有些寶寶似乎很想要使用湯匙快速進食，這可能跟親餵及瓶餵期間的連續吞嚥習慣有關。為了不讓寶寶發展出快速湯匙餵食模式，所以你要教寶寶緩慢進食。

　　緩慢湯匙進食很重要，原因如下。第一，可以讓你的寶寶充分感受口中食物的形狀、大小和質地。如你所知，消化始於食物與唾液在口腔中混合。第二，食道需要一些時間，才能有效地將食物輸送到胃部。最後，大腦需要時間去記錄胃部食物的存在，讓寶寶知道他什麼時候是吃飽了。所以，避免在匆忙時餵食寶寶。試著放一些柔和的背景音樂讓你跟寶寶放鬆，餵食過程中跟寶寶說話，並且一起用餐。更詳細的資訊請參閱第 1 章「餵食與相關發展檢核表：出生至 24 個月」，以及「飲食檢核表：出生至 24 個月」。

寶寶如何使用湯匙進食？

請從表格描述中勾選符合「你要寶寶做的事情」，以及「你想改變寶寶的事情」。

你要寶寶做的事情	打勾處	你想改變寶寶的事情	打勾處
使用符合寶寶嘴巴的小且扁平匙面湯匙餵食。	☐	使用太大或太深的湯匙（像是普通茶匙）進食。	☐
當我用湯匙進食時可以看著我。	☐	沒有機會看到別人使用湯匙進食。	☐
當用湯匙進食時有良好的節奏及速度。	☐	吃得太快或太慢。	☐
可以使用湯匙吃少量或適量的食物。	☐	使用湯匙吃大量食物，從嘴裡掉落很多食物。	☐
可以在湯匙上闔上嘴唇，等待我以水平方式移開湯匙。	☐	讓我向上傾斜湯匙從上嘴唇或牙齦刮下食物。	☐

關於袋裝食物的重要說明

袋裝食物（pouch foods）就是湯匙食物，所以盡可能將袋內的食物擠入碗中或直接擠到湯匙上。如果直接從袋子中進食或吸吮而沒有湯匙餵食和其他餵食經驗，往往會造成在餵食技巧發展遲緩。袋裝食物只需要吸吮，寶寶已經從乳房或奶瓶中得到大量練習了。

使用開口杯飲食

在你讓寶寶使用開口杯飲食前，先觀察自己如何使用杯子喝水。試試一般的稀薄液體（如：水）和較稠的液體（如：番茄汁或優酪乳）。觀察自己是如何從開口杯取出液體，以及一旦液體進入嘴裡後你會做什麼。

你如何使用開口杯飲食？

請回答下列問題，使用開口杯喝幾口並吞嚥後進行以下觀察。

問題	你的答案
杯子是放在下唇上，還是被壓住或卡在嘴角？	
如果你把杯緣壓在嘴角會發生什麼事？你真的可以這樣喝嗎？	
當你喝液體時，你的嘴唇是否有助於防止溢出液體？	
當喝液體時你的舌頭在杯子下面嗎？希望不是。	
啜飲一口跟連續吞嚥液體有什麼不一樣？	
你的舌尖是否碰到上門牙後方的齒槽後開始吞嚥？	
舌頭的其他部分是否呈杯狀並含住液體，然後將其後移吞嚥？	

在成熟且複雜的吞嚥模式中，舌尖會上升到上門牙後方的齒槽，舌頭兩側像杯子盛起液體，接著舌頭以受控制的波浪方式擠壓液體，舌頭呈淺碗狀，液體像被盛裝在舌頭中心。有些人沒有在童年發展出這種成熟模式，有些人則失去了使用這種模式的能力（例如：中風、腦損傷、老化等等原因……）

不成熟的吞嚥模式可能會導致嚴重的齒列問題〔像是水平覆咬（over-jet）、垂直覆咬（overbite）、齒列間隙（gaps between the teeth）〕以及口腔衛生問題，同時也與幾個語音錯誤有關〔例如咬舌音化（lisps），以及持續「r」或「l」扭曲音（distortions）〕。可以從 Diane Bahr 的著作《沒有人告訴我（或我的母親）這些！從奶瓶及呼吸到健康言語發展的一切》中找到這些主題。

如何教寶寶使用開口杯飲食

根據我的經驗，開口杯飲食是餵食嬰兒最簡單的方法之一，可用於早產兒及難以從乳房或奶瓶學習飲食的嬰兒。開口杯飲食比湯匙餵食更容易教，它更像是親餵而不是瓶餵。[253 254 255 256 257] 5 至 6 個月是開始進行開口杯飲食的好時機。你可以用開口杯給寶寶一口母乳或配方奶。此時期寶寶的嘴唇、臉頰和舌頭動作越來越獨立於下顎動作。

可由使用一個小但寬口的開口杯或切口杯〔也叫**鼻曲型杯**（nosey cup）〕來作為開口杯飲食的開始。藥杯和透明的塑膠雞尾酒杯經常作為使用的第一個杯子，因為父母可以輕易查看及控制液體的流動。切口杯或鼻曲型杯通常用於餵食困難的兒童，代表它們是教導杯子飲食的絕佳杯子。杯子的切口在上面，所以你可以看到杯內的液體，寶寶也可以在頭和脖子不需要向後過度伸展的情況下飲食。切口杯有不同的尺寸，當我教 6 個月寶寶使用開口杯飲食時，我使用的是粉紅色的小切口杯。可參考前述的「大部分商店很難找到的兒童專門餵食工具公司網站及連結」。

記住，當寶寶的頭部和頸部過度伸展時，呼吸道是開放的（處於心肺復甦術姿勢），更容易嗆咳。當使用開口杯飲食時，寶寶的頭需要處於中線，對齊的位置，或是寶寶的下顎需要**稍微**內縮，讓耳朵剛好位於肩膀前。同樣

照片 4.6：Anthony（6個月）和 Cannon（6.5個月）使用粉紅色小切口杯學習開口杯飲食。Cannon 將他的手朝向中線（中間），這可能是手放杯子的第一步。

重要的是，每次給予寶寶少量或適量的液體，以避免造成梗塞或劇烈咳嗽。將開口杯的邊緣（切口杯的長邊）放在寶寶的下唇上，教導寶寶用杯子喝水時一次喝一口。確保寶寶沒有靠在杯子上，杯子也沒有被壓住或塞進嘴角，因為這樣幾乎不可能喝到水。過程中握住杯子，慢慢鼓勵寶寶可以把手放在杯子兩側，這對寶寶來說是很好的手—口活動，因為手和嘴巴本來就該共同工作。

當教導開口杯飲食技巧時，我通常會倒較濃稠的液體到開口杯中，這讓父母可以控制液體流動，也同時讓寶寶從液體中得到較大量的感官刺激。如果你在寶寶 6 個月開始杯子飲食，第一種液體可以使用配方奶或母乳，並稍微加一點嬰兒米糊增加稠度。此外，第一階段嬰兒食品水果和甜蔬菜（如：胡蘿蔔或南瓜），也可以用水稀釋讓寶寶用開口杯食用。當你跟寶寶都對啜飲一口的過程感到滿意時，便可以開始使用一般的稀薄液體（如：配方奶、母乳和水），除非你已經在 6 個月前用開口杯喝過配方奶或母乳。

當寶寶從開口杯啜飲一口時，要確保杯子邊緣放在他的下唇上，以及確認寶寶的舌頭**沒有**在杯子下方。因為受之前使用的瓶餵或親餵模式影響，寶寶的舌頭偶爾會滑到杯子下。最好在寶寶啜飲一口後就重新定位開口杯到下唇上，才不會建立不良的杯子飲食習慣。你可能注意到寶寶會咬著杯子邊緣來穩定下顎，當他學習使用他的嘴唇、臉頰及舌頭獨立於他的下顎時，這會讓他的下顎保持靜止，直到 18 個月以上都很常見。事實上，很多成人在使用開口杯連續吞嚥時，也常會輕輕把杯子放在牙齒中間。

在寶寶已經熟練使用開口杯啜飲後，他將會開始吞嚥多次來喝得久一點。這種模式會在 6 至 12 個月之間發展，因為寶寶的呼吸及吞嚥協調成熟。這時寶寶會喝一般稀薄的液體（像是配方奶、母乳和水）。但是如果寶寶在學習連續吞嚥（一口接著一口吞嚥）有困難，你可以使用稍微濃稠的液體，直到他適應這個過程。

當寶寶學習連續吞嚥液體時，協助他一起握住開口杯。寶寶會開始學習連續吞嚥兩到三次的液體。他的頭部應該處於中線位置（與身體一致），下顎可能輕微內縮。要確保寶寶沒有靠在杯子上。同樣地，為了避免梗塞或劇烈咳嗽，確保過程中給予適量（不要太多）的液體。更多相關資訊請參閱第1章的「餵食與相關發展檢核表：出生到 24 個月」。

你可能已經聽過有關使用鴨嘴杯或吸管杯的爭議。這些杯子似乎會增強使用不成熟的飲食和吞嚥模式。寶寶從吸管杯中飲食的模式類似於他們從奶瓶飲食，而從開口杯飲食則是一種不同於奶瓶飲食的成熟模式。開口杯飲食跟湯匙餵食一樣，涉及更多嘴唇及臉頰活動，跟瓶餵相比，有更多獨立的下顎、嘴唇、臉頰及舌頭運動。吸管杯會阻礙寶寶發展適合的飲食及吞嚥技巧，因為其鼓勵寶寶保持奶瓶飲食使用的舊有模式。

當舌尖在發展成熟吞嚥模式（約 11 至 12 個月大）時，應該學會抬高或上升，這是一個非常值得關注的問題。當吸管杯的吸管頭放入口腔內，會讓舌尖無法上升到上排門牙的齒槽來形成成熟吞嚥，吸管頭阻礙了這個過程。你可以看到有些寶寶在使用吸管杯飲食時前後移動整個下顎，這並不是我們希望看到的杯子飲食模式，我們希望看到的是從適當親餵開始的下顎輕微上下運動。

使用吸管杯造成的潛在問題是不容小覷的，包括中斷發展成熟吞嚥模式以及液體會被留在口腔中而不是被吞嚥（這可能會導致蛀牙）。基於這些理由，牙醫及治療師長期以來一直擔心吸管杯的使用。雖然吸管杯很方便，但在可能的情況下應避免使用吸管杯。[258 259 260 261]

實際上，還有許多防潑灑杯子的選擇，像是帶有凹蓋和吸管的杯子，從中可以教導寶寶在 12 個月大時正確飲食。嵌入式蓋杯具有類似開口杯的邊緣，使用上也類似於開口杯，但蓋子可以避免液體溢出。這些杯子有的有手把，有的沒有。可以參閱前述「大部分商店很難找到的兒童專門餵食工具公司網站及連結」。

寶寶如何使用開口杯飲食？

請從表格描述中勾選符合「你要寶寶做的事情」，以及「你想改變寶寶的事情」。

你要寶寶做的事情	打勾處	你想改變寶寶的事情	打勾處
使用符合嘴巴大小的開口杯飲食。	☐	使用太大或太小的杯子飲食。	☐
讓開口杯剛好放在下唇上。	☐	靠在杯子上，嘴角壓住或卡在杯子上，或將舌頭放在杯子下面。	☐
在 6 個月時，一次一口啜飲較稠的液體（如：用水稀釋的第一階段嬰兒食品）。	☐	喝液體喘不過氣或嗆咳。	☐
準備好可以一次一口啜飲較稀的液體。	☐	喝液體喘不過氣或嗆咳。	☐
在 6 至 12 個月之間，可以協調地連續吞嚥飲食。	☐	當試著連續吞嚥時，有過多的下顎動作或靠在杯子上。	☐

使用吸管飲食

在你介紹寶寶吸管飲食前，先觀察自己如何使用吸管喝液體。一旦當液體進入口中，你會做什麼？

你如何使用吸管飲食？

請回答下列問題，使用吸管啜飲並吞嚥後進行以下觀察。

問題	你的答案
吸管是否放在嘴裡的舌頭上，還是只放在嘴唇上呢？如果你把吸管放在嘴裡的舌頭上，那你就是使用不成熟的吞嚥模式。觀察把吸管剛好輕放在嘴唇上是什麼感覺。	

問題	你的答案
你是把吸管放在嘴唇中間或是側邊？如果你把吸管放在側邊，你可能會有較強壯的側邊，這或許跟你的慣用手（右撇子或左撇子）有關。觀察把吸管放在嘴唇中間是什麼感覺。	
如果你只把吸管放在嘴唇上（而不是在舌頭上）飲食，你是否會輕微向後拉回舌頭？你的舌尖是否會上升到上門牙後方的齒槽後開始吞嚥？	
你可以使用吸管連續吞嚥嗎？	
你是否能感覺到腹部（肚臍下方）和橫膈膜（胸腔底部）的肌肉在工作？當你吸吸管時，將手放在這些部位上感覺肌肉的工作，這些肌肉跟你在呼吸中所使用的肌肉相同。	

如何教寶寶使用吸管飲食

除了湯匙餵食及開口杯飲食外，還可以在寶寶 6 個月左右時使用有吸管的可擠壓瓶教導吸管飲食，這種瓶子可以從 TalkTools、ARK Therapeutic 等公司購買。請參閱前述「大部分商店很難找到的兒童餵食工具公司網站及連結」。

你可以輕易**做出一個有吸管的可擠壓瓶**，以下是製作步驟：

1. 使用經核可存放食物的瓶子（如：可擠壓的蜂蜜瓶、醬汁或蛋糕擠花瓶）。雖然膠水罐或染劑瓶看起來很類似，但它們不是用來存放食物或可飲用液體的，所以**不要使用它們**。

2. 選好瓶子後，用一段適合可擠壓瓶開口的水管或冰箱水管來製作吸管（直徑約為 1/4 英寸，長度足夠到達瓶底）。水管及冰箱水管被設計用來輸送水，因此作為吸管使用是安全的。切割瓶頂並將管子以緊密的方式穿過瓶子頂部。你可以從五金行購買水管或冰箱水管，但請**不要使用**水族箱水管，因為它們可能含有毒素。

在約 6 個月時，**教導寶寶使用有吸管的可擠壓瓶飲食**，步驟如下：

1. 將增稠的液體放入可擠壓的吸管瓶中。增稠的液體可以讓你更好控制，並在學習這項新技能時給予寶寶更多感官資訊。正如前述開口杯飲食中所提到的，增稠液體包含用嬰兒米糊增稠的配方奶或母乳，或加水稀釋的第一階段嬰兒食品。有些寶寶可以直接以不需增稠的母乳或配方奶來學習使用吸管。

2. 如果你正在教年齡較大的孩子（12 個月以上）吸管飲食，可以使用優酪乳或水果花蜜。請諮詢寶寶的兒科醫生以了解什麼時候可以給予這些飲料。

3. 將增稠的液體放進可擠壓瓶中，插入吸管並將瓶子密封（頂部擰緊）。輕輕擠壓增稠的液體使其到達吸管上方。在給寶寶飲食前多練習幾次，以免不小心把液體噴在寶寶臉上。

4. 在你已能熟練地將液體擠壓到吸管上方後，把吸管末端放在寶寶的下唇中間。大約放 1/4 英寸的吸管在寶寶的嘴唇上。吸管不應該伸進寶寶口中，寶寶的舌頭也不應該在吸管下，因為這是奶瓶飲食的模式（如果他使用奶瓶飲食的話），我們希望用吸管飲食教導孩子新技巧。

5. 把吸管放在寶寶下唇中間，等待他閉上嘴唇包住吸管。有些孩子很快就學會這一點，因為他們已經知道如何在奶瓶奶嘴上閉合嘴唇。讓寶寶從吸管中吸飲一口，然後從嘴裡取下吸管。你可以反覆將吸管放在寶寶嘴唇上讓他多次吸飲，大多數寶寶可以輕易學會這種方式。但是，如果寶寶在吸管上無法變成圓唇，你可以提供細心且溫柔的臉頰支撐（如第 3 章所述）幫助他學會圓唇。要記住，臉頰有助於啟動嘴唇。

6. 有些寶寶或許需要液體的味道才能啟動或引起他們的興趣。可稍微擠壓瓶子讓寶寶嘗試味道。重要的是，不要噴射大量液體到寶寶嘴裡，這會讓寶寶不知所措。不要在寶寶嘴裡放超過他能處理的液體量。

7. 當寶寶已經學會使用吸管啜飲一口後，他將自己學會連續啜飲和吞嚥（你將不再需要擠壓瓶子）。許多寶寶學習很快，但有些寶寶需要更多時間。連續吞嚥（一口接著一口吞嚥）是比啜飲一口更為複雜的任務，但是寶寶之前已經在親餵或瓶餵時做到過，只需透過幾次重複練習，寶寶便能學會使用吸管連續啜飲和吞嚥。在這個過程中，請耐心等待並把吸管放在孩子的嘴唇上。

8. 再次提醒，盡量不要讓吸管滑入寶寶口中太深處，否則寶寶會用像奶瓶飲食一樣的方式使用吸管飲食。要隨時檢查，確保吸管剛好放在寶寶嘴唇上，這樣嘴唇及臉頰就可以代替舌頭完成工作。

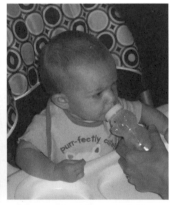

照片4.7：Cannon（6.5個月）在下顎及臉頰的溫柔支撐下正在使用熊吸管杯（straw bear）學習吸管飲食。Rylee（7.5個月）在沒有下顎支持下使用熊吸管杯學習吸管飲食。過程中，吸管僅放在寶寶嘴唇上（而不是放入口中）。

注意：有一種單向吸管裝置可以連結到吸管末端，可以防止液體沿著吸管下降回到瓶子。請參閱前述「大部分商店很難找到的兒童餵食工具公司網站及連結」。

一旦寶寶學會使用可擠壓的吸管杯飲食，就可以開始使用有吸管的杯子，例如有彈蓋吸管（flip-up straw）的杯子，或是有一般吸管孔的杯子（像是First Years Take 和 Toss 吸管杯）。我教過很多孩子在 9 至 12 個月時準備好使用普通吸管杯飲食。當寶寶準備好（可以自行使用吸管喝稀薄的液體而不會過度咳嗽或嗆咳），你便可以在杯子裡放一般稀薄的液體。

彈蓋吸管杯子的一個問題是，它們被標示為適用於年齡較大的兒童（例如 2 歲以上），然而我教過許多 12 個月大的孩子用這些杯子喝水；大多數彈蓋吸管杯的另一個問題是吸管太長需要剪短。**如果安全的話**，你可以剪掉吸管或在吸管上裝緩衝墊（bumper）來幫助寶寶（我們不希望鬆動的部件造成嗆咳危險）。請記住，正確使用吸管的方式是要寶寶把吸管**放在嘴唇上**（不是伸入口中或放在舌頭上）。

唇部緩衝墊（lip bumpers）可以在軟木塞上鑽一個吸管尺寸的洞來製作。讓軟木塞緊貼在吸管上，只留 1/4 英寸的吸管在寶寶嘴唇上，我們要的是一個安全的裝置，防止吸管進入寶寶口中和寶寶的舌頭上，而不希望這個裝置會碎成碎片造成嗆咳危險。TalkTools 和 ARK Therapeutic 提供現成的吸管嘴唇緩衝墊，TalkTools 還為年齡較大的孩子提供正式的吸管套組。請參閱「大部分商店很難找到的兒童餵食工具公司網站及連結」。

現在讓我們來總結一下，為什麼要在寶寶 6 個月左右開始教導吸管飲食技巧。首先，吸管飲食是寶寶終生可以使用的技巧；其次，從開口杯或嵌入式蓋杯飲食跟吸管飲食一樣，都可以取代鴨嘴杯或吸管杯的使用。請記住，吸管杯會讓孩子使用類似使用嬰兒奶瓶時的不成熟吞嚥模式。

正確使用吸管飲食的技巧，就像開口杯飲食一樣，可以讓孩子抬高舌尖到上門牙後方的齒槽後面開啟成熟吞嚥。吸管杯則阻礙了這個過程，因為吸管頭阻擋了舌尖提升。成熟的吞嚥模式對於清除口腔內的食物和液體非常重要，沒有發展出成熟吞嚥模式的人往往吞嚥後還有食物或液體殘留在口中，這可能導致口腔衛生不佳。

照片 4.8：由 ARK Therapeutic 提供（經許可）的照片中，孩子正在使用 ARK Cip-Kup 及 ARK Lip Blok 唇阻（mouthpiece）。這些唇阻有各種不同的長度，可以讓孩子保持吸管放在嘴唇上，而不是放進口中（www.ARKTherapeutic.com）。

此外，沒有發展成熟吞嚥模式的人傾向使用其他不成熟的口腔運動模式（例如沒有充分咀嚼食物和將食物整個吞下，這可能導致食物營養消化及代謝不良）。當使用不成熟吞嚥模式時，舌頭往往跟著下顎移動。當舌頭、下顎、嘴唇及臉頰不能彼此獨立工作時，食物及液體通常無法得到良好或有效的處理。

舌尖上升到上門牙後方的齒槽，也是語音「ㄊ」、「ㄅ」、「ㄋ」、「ㄌ」（「t」、「d」、「n」、「l」）的重要動作，試著發出這些聲音，觀察舌頭的方向。雖然吞嚥和言語在孩子大腦中有不同的運動模式或順序，但這些動作的位置和方向是相似的。有關言語發展和成熟吞嚥更多資訊，詳見 Diane Bahr 的著作《沒有人告訴我（或我的母親）這些！從奶瓶及呼吸到健康言語發展的一切》。

寶寶如何使用吸管飲食？

請從表格描述中勾選符合「你要寶寶做的事情」，以及「你想改變寶寶的事情」。

你要寶寶做的事情	打勾處	你想改變寶寶的事情	打勾處
從放在嘴唇上的吸管飲食。	☐	從放進口中舌頭上的吸管飲食。	☐
從放在嘴唇中間的吸管飲食。	☐	從放在嘴唇側邊的吸管飲食。	☐
可以從放在嘴唇上的吸管一次啜飲一口。	☐	將吸管像嬰兒奶瓶奶嘴一樣深深放進口中。	☐
可以從放在嘴唇上的吸管連續吞嚥。	☐	從深深放進口中的吸管連續吞嚥。	☐

咬合並咀嚼安全適合的食物

在給予寶寶咬合並咀嚼前，先觀察你是如何完成這個過程。買塊軟質餅乾（像米餅或奶油餅）。觀察你自己如何咬餅乾，以及咬完餅乾後你會如何處理餅乾。

你如何咬合並咀嚼食物？

請回答下列問題，咬幾口軟餅乾後進行以下觀察。

問題	你的答案
你是用門牙還是側面牙齒咬餅乾？如果你用側面咬，這可能跟你用哪隻手餵自己或你的齒列（牙齒如何排列）有關。	
你咬多大口？希望不會太大。	
你的舌尖會把咬下來的餅乾移到後臼齒上咀嚼嗎？	

問題	你的答案
咀嚼後，舌尖是否有助於收集咀嚼過的餅乾，並將其帶回舌頭中間進行吞嚥？	
你的舌尖是否抬起到上門牙後方的凸起或隆起處開啟吞嚥？如果沒有，你可能正在使用不成熟的吞嚥模式。許多成人未發展出完全成熟的吞嚥模式，最終可能導致口腔衛生和牙齒問題。	

如何教寶寶安全咬合食物並正確咀嚼

6個月時，寶寶準備開始咬軟餅乾並學習咀嚼。寶寶也開始咀嚼在嬰兒食品中的塊狀食物——如果你使用食物攪拌機、研磨機、磨臼或食物處理機做嬰兒食品，會自然做出這些塊狀食物。當你準備給寶寶安全食物來進行咬合咀嚼時，請考慮寶寶下顎的大小。柔軟的非小麥餅乾（non-wheat cookies and biscuits），例如寶寶米餅是很好的開始，因為它們很容易在寶寶嘴裡融化，可降低嗆咳的風險。有些嬰兒餅乾和吐司（例如磨牙餅乾及乾烤土司片）對於6個月寶寶的嘴巴來說太大了，而且它們也不算是軟餅乾。

另外，給予專門幫寶寶製作的寶寶餅乾很重要。你不希望給寶寶餵食含有防腐劑的餅乾或對嬰兒不安全的東西。雖然很多人認為乾麥片（Cheerios）是嬰兒安全的第一食物，但它們的質地相當鬆脆、堅硬，我覺得給予尚未發展咀嚼技巧的寶寶這些食物是不恰當的。當你向寶寶介紹軟餅乾時，拿餅乾放在寶寶的嘴唇上。如果可以的話，讓寶寶跟你一起用雙手拿著餅乾，別忘了手跟嘴一定要一起工作——人類的原始設定似乎就是這樣。

讓寶寶用嘴唇及牙齦探索安全、柔軟的餅乾。寶寶會有先天的咬合反射，當餅乾碰到或壓在牙齦上時，寶寶便會開始咬它。他會重複地咬直到餅乾軟化，然後餅乾碎塊會脫落。第一次發生時，寶寶可能會露出驚訝或有趣的表情。監控寶寶咬下的大小很重要，不過，通常柔軟的嬰兒餅乾會在口中輕易軟化並分解。

有些父母非常擔心給寶寶吃固體食物，因為他們害怕引起嗆咳。但適當引入柔軟、安全的固體食物，寶寶將在適合的時間獲得他所需的技能。有些父母認為嬰兒不能咀嚼，因為嬰兒沒有牙齒，然而牙齒會隨著牙齦受到刺激而萌發。當寶寶準備好時，介紹安全且適合的食物質地讓寶寶進行咬合和咀嚼，將有助於牙齒發育。請參閱第 1 章「飲食檢核表：出生至 24 個月」。

照片 4.9：Anthony（6 個月）、Cannon（6.5 個月）和 Diane 一起吃他們的第一個餅乾。Anthony 把手放在餅乾上，Cannon 把手放在 Diane 的手上。兩個寶寶都有良好的手—口連結。

咬合和咀嚼對下顎發育以及成熟進食與飲食技巧中獨立的舌頭、嘴唇、臉頰及下顎運動**至關重要**，有助於下顎生長時保持足夠的下顎力量。下顎肌肉需要適合的力量，並隨著顎骨成長不斷調整。下顎骨是一塊沉重的骨頭，下顎肌肉功能需要跟上這塊骨頭和上顎骨的成長。請參閱第 2 章 David C. Page 醫師的下顎發育圖。

嘴唇和臉頰是共同工作的，因為臉頰有助於啟動嘴唇。嘴唇和臉頰需要獨立於下顎移動，以協助獲得、保存和管理口腔中的食物和／或液體。隨著時間推移，舌頭在口腔內放置和收集食物及液體的技巧越來越熟練，臉頰也會向內移動，以助成熟吞嚥期間建立適當的口內壓力。

　　到 11、12 個月時，如果舌尖沒有被奶頭、奶嘴或口中過多食物阻擋，寶寶將開始表現成熟的口腔吞嚥。在成熟的口腔吞嚥中，舌尖碰到或接觸上門牙後方的齒槽或凸起開始吞嚥，食物或液體被收集在舌頭中間，然後藉由波浪狀運動向後往喉嚨移動以便吞嚥。詳見第 1 章「餵食與相關發展檢核表：出生至 24 個月」。

　　如果你給予介紹食物讓寶寶咬合及咀嚼，可以使用安全網。副食品餵食器可將一口大小的食物放進矽膠或網狀容器中以便咀嚼，讓寶寶可握住手柄咀嚼矽膠或網狀容器中的食物。當食物被分解時，會通過矽膠網格或孔洞，以非常小的碎片讓寶寶進行處理及吞嚥。市面上有許多種類的副食品餵食器，然而很多副食品餵食器的網格和矽膠容器太大，會讓太大塊食物通過網格或孔洞，使得寶寶很難用牙齦全部表面（正面、側面及背面）咬合及咀嚼食物。咬合食物發生在嘴巴前部，隨著時間推移，舌頭學會收集食物並放置食物在後牙齦區域，咀嚼會發生在最終長出臼齒的區域。當你將食物放進副食品餵食器，請確保只將少量、嬰兒咬合尺寸的食物放進容器，這樣寶寶才可以將食物在整個口腔移動並移動到後面臼齒區域。一口大小的食物量需要符合寶寶的嘴巴，所以比你的一口要來得小多了。適合的副食品餵食器如：**小型 Kids-Me 餵食器**（KidsMe feeder）。

　　治療師也會使用薄紗棉布來製作小袋子，以放置供咀嚼的食物。薄紗棉布通常可以在商店購買，打開並剪下一段薄紗棉布（以三層厚度包裝），將一塊嬰兒一口大小的食物放入薄紗棉布中間，並包上周圍的薄紗棉布，將薄紗棉布擰成袋狀，以在寶寶咀嚼薄紗棉布中的食物時**你可以握住它**而不會漏掉食物。與副食品餵食器不同，你需要在**寶寶**咀嚼時握住薄紗棉布。如果寶寶把手放在你的手上，就再次代表非常自然的手─口連結。

　　現在你可以進行此項活動，將嬰兒一口大小的食物包在薄紗棉布中或放在大小適合的副食品餵食器中。

1. 將嬰兒一口大小的食物包在薄紗棉布或放在副食品餵食器中，放在寶寶的牙齦上。

2. 讓寶寶和你一起握住薄紗棉布或副食品餵食器。

3. 用放在薄紗棉布或副食品餵食器中的食物輕柔且堅定地按壓牙齦下方或上方，以提醒寶寶開始咀嚼。

4. 將一口大小的食物放在薄紗棉布中或副食品餵食器中，從寶寶嘴巴前面往後放直到會長出臼齒的區域。過程中寶寶會一直小口小口地咬，因為放在薄紗棉布或副食品餵食器中的食物會朝向臼齒區域，你還會看到寶寶的舌頭朝向餵食器移動。

5. 讓寶寶在後臼齒區自然咀嚼食物，然後再換另一側。

6. 鼓勵寶寶在臼齒區咀嚼放在薄紗棉布或副食品餵食器中的食物 12 到 15 次（或最多 20 到 25 次），然後兩側交換。寶寶可能只想要一側咀嚼 6 次，這樣也很好，或許下次會有機會咀嚼 7 次，跟著寶寶的腳步就好。

7. 如果寶寶覺得有趣並玩得開心，你可以再交替咀嚼 2 次（總共 3 組）。但要對寶寶的興趣程度、能力和溝通保持敏銳。如果寶寶感到疲勞（咀嚼開始變得無力）或混亂（失去咀嚼韻律），請停下來換到另一側，或是休息一下。

8. 雖然寶寶可能會表現出在口腔某側咀嚼的偏好，但試著讓寶寶在每側咀嚼相同次數，這將有助平衡下顎的運動。咀嚼是對下顎**最好的運動**，有助於下顎正常成長，而且，如果下顎正在做它需要做的事情，那麼臉頰、嘴唇和舌頭也可以做它們需要做的事情，前提是寶寶沒有出現生理構造限制（比如舌繫帶）。

當食物通過副食品餵食器或薄紗棉布，再接著放另一塊嬰兒一口大小的食物。如果你使用副食品餵食器或薄紗棉布，你可以餵食之前討論過的軟質嬰兒餅乾以外的東西。你可以將嬰兒一口大小的蔬菜冷卻、軟化或蒸熟（如胡蘿蔔或南瓜），或將成熟水果去皮（如蘋果、水蜜桃或梨子）放入副食品餵食器或薄紗棉布。隨著寶寶咬合和咀嚼能力越來越精熟，你可以開始直接給予食物，不使用副食品餵食器或薄紗棉布。請參閱第 1 章「飲食檢核表：出生到 24 個月」。

這項活動對寶寶的下顎肌肉來說是個很好的運動，幫助寶寶發展漸進的下顎運動（根據特定活動需要移動下顎的能力）以及臉頰、嘴唇、舌頭獨立於下顎的運

照片 4.10：ARK Thera-peutic 提供（經許可）的照片中，孩子正使用 ARK Y 字咀嚼棒在後臼齒區進行良好的咀嚼，過程中同時添加優酪乳的美味味道，真是太有趣了！（www.ARKTherapeutic.com）

動，這些技能對於發展成熟飲食技巧非常重要。當寶寶 6 個月開始咀嚼食物和適齡玩具時，咀嚼可以取代吸吮及吸啜的鎮靜功能，請參閱本章的「合適的口腔物品和玩具」。如果寶寶正在使用奶嘴，這是個從安撫奶嘴斷奶的好時機。有關安撫奶嘴斷奶的具體資訊，詳見 Diane Bahr 的著作《沒有人告訴我（或我的母親）這些！從奶瓶及呼吸到健康言語發展的一切》。

寶寶如何咬合和咀嚼食物？

請從表格描述中勾選符合「你要寶寶做的事情」，以及「你想改變寶寶的事情」。

你要 6 至 7 個月寶寶做的事情	打勾處	你想改變 6 至 7 個月寶寶的事情	打勾處
小口地咬寶寶和我一起握在嘴巴前面的軟餅乾（有節奏地咬、咬、咬）。	☐	只吸吮軟餅乾。	☐

你要 6 至 7 個月寶寶做的事情	打勾處	你想改變 6 至 7 個月寶寶的事情	打勾處
即使沒有牙齒，也能咀嚼小塊食物。	☐	只吸吮或不吃塊狀食物。	☐
將舌頭移向口腔側邊的食物。	☐	不會將舌頭移向口腔側邊的食物。	☐

從奶瓶和乳房斷奶

這個過程從寶寶 6 個月用開口杯和吸管飲食開始。當寶寶學習使用它們時，一開始你可以將母乳和／或配方奶放進這些杯子裡，直到寶寶的兒科醫生告知可以提供其他液體（像是水，通常在 6 個月時）。隨著寶寶愈加熟練，你將更頻繁使用杯子。到 12 至 15 個月時，寶寶可以使用開口杯、嵌入式蓋杯或吸管來攝取大部分液體。

當寶寶學會使用開口杯、嵌入式蓋杯和吸管飲食時，記得要讚美他。一定要提供寶寶適合的口腔活動，以取代他從奶瓶和／或乳房獲得的刺激。湯匙餵食、開口杯飲食、嵌入式蓋杯飲食、吸管飲食、咬合及咀嚼食物，以及咬合及咀嚼適齡的口腔玩具將有助於滿足這個需求。請參閱本章的「合適的口腔物品和玩具」。每個孩子都是獨特的，所以每個孩子的斷奶過程都是不同的，過程中不要給自己或孩子太大壓力。慢慢來，在你跟孩子準備好的時候就可以全天更換瓶餵和／或親餵。你有 6 到 9 個月的奶瓶斷奶時間（從孩子 6 個月直到 12 至 15 個月）。

如果兒科醫生同意，在斷奶過程中，你可以在裝配方奶或母乳中的奶瓶中加水，並將未稀釋的配方奶或母乳放在杯子裡。藉由這種方式，孩子將從杯子飲食中獲得充分品嘗未經稀釋的配方奶或母乳味道的獎勵。[262]

注意：在這個過程中與孩子的兒科醫生密切合作是非常重要的，以確保孩子有得到適當的營養和水分。

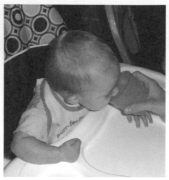

照片 4.11：Rylee（7.5 個月）學會使用一般杯子飲食，她的嘴巴準備好朝杯子移動，但杯子只放在她的嘴唇上（沒有壓在嘴角上）。

　　到 12 至 15 個月時，寶寶主要只在睡前時間才會吸食奶瓶或乳房，其他時間則由開口杯、嵌入式蓋杯或吸管中攝取。在斷奶過程中，我們希望寶寶進行親餵或瓶餵的時間是在上床之前，**而不是在床上**。請記住，因為耳朵問題的相關風險，不要允許寶寶躺著使用奶瓶。如果寶寶有逆流問題或逆流病史，你可以在洗澡和閱讀時間前給寶寶餵奶，以讓他在睡前保持直立一段時間。如果你經歷過逆流之苦，就會知道在上床睡覺前吃喝會讓情形更糟。

　　如果寶寶會在夜晚入睡前尋求安慰，可以提供他安全的口腔玩具，讓他可以在睡前嚼食（mouth）或咀嚼這些玩具，請參閱本章的「合適的口腔物品和玩具」部分。如果寶寶使用安撫奶嘴，最好讓寶寶在 6 至 10 個月間從安撫奶嘴斷奶。關於安撫奶嘴斷奶的指南，請詳見 Diane Bahr 的著作《沒有人告訴我（或我的母親）這些！從奶瓶及呼吸到健康言語發展的一切》。

　　當寶寶從奶瓶或乳房斷奶時，你可以開始跳過一些晚上的餵食，在睡前用零食代替，包括使用開口杯、嵌入式蓋杯或吸管攝取的飲料，以及一些食物，在寶寶心情好及不會太累時可以這樣做。請記住，寶寶會從吸吮乳房或奶瓶中獲得安慰；在零食和洗澡時間後，當你跟寶寶一起閱讀故事和看書時，讓他咀嚼或嚼食適合的口腔玩具，這有助於滿足寶寶對口腔刺激的需求，並可提高注意力、專注力及專心度。作為成年人，我們亦常常為此目的咀嚼口香糖，以及控制胃食道逆流。有關使用適合口腔玩具的資訊，詳見 Diane Bahr

照片 4.12：吃完午飯後，Cannon（6.5 個月）在選擇午睡時間的口腔玩具（左），他決定用綠色的 Beckman 三角咀嚼棒來午睡，而不是吸吮他的拇指（右）。

的著作《沒有人告訴我（或我的母親）這些！從奶瓶及呼吸到健康言語發展的一切》。下一節將依照年齡列出適合的口腔玩具清單。

如果晚上你已經用零食及飲料代替餵食後，寶寶仍要求吸奶瓶或乳房時，向他解釋他即將成為大孩子，安慰並讚美他，告訴他你有多麼驕傲與快樂。當經歷這個過程時，要有耐心，並支持你自己與你的孩子。提供寶寶零食、飲料或口腔玩具的選擇（例如：「你想要餅乾還是脆餅？」「你想要牛奶還是水？」「你想要咀嚼棒或是 Y 字咀嚼棒？」）。你可以提出一個最喜歡的跟普通的提議，增加寶寶選擇的動機。這有助於讓寶寶成為這個過程的一部分，讓你們的生活更輕鬆。

12 至 15 個月是從奶瓶斷奶的好時機，可促進良好的口腔發展。你也可以繼續親餵到寶寶 2 歲或更大。從 6 個月大時，開始給予寶寶使用開口杯、嵌入式蓋杯及吸管杯，這是他一生都會使用到的重要技能。你的孩子**永遠不需要**使用鴨嘴杯。在 11 至 15 個月以上使用鴨嘴杯的問題在於，它的使用方式就像奶瓶一樣。如果吸管使用不當（放進嘴巴裡太深），也會變成像奶瓶一樣的使用方式。然而在本章中，你已經學會了正確使用杯子跟吸管。

恭喜！你已經準備好讓寶寶從乳房和／或奶瓶斷奶，同時幫助寶寶發展終生使用的成熟吞嚥模式。

從乳房和／或奶瓶斷奶清單

從表格描述中勾選符合你和寶寶斷奶過程中所做的事情。

4 至 6 個月	打勾處
開始讓寶寶使用開口杯啜飲一口配方奶或母乳。	☐
提供寶寶其他適當的口腔活動。請參閱下一節。	☐
6 至 9 個月	
繼續讓寶寶使用開口杯喝適當增稠的或一般的液體（如母乳、配方奶或水）。	☐
開始教寶寶吸管飲食，使用特製的可擠壓瓶和濃稠液體（例如用嬰兒米糊增稠的配方奶或母乳，或用水稀釋的第一階段嬰兒食品）。	☐
提供寶寶其他適合的口腔活動。請參閱下一節。	☐
9 至 12 個月	
全天使用開口杯、吸管和／或嵌入式蓋杯飲食（配方奶、母乳、水）。	☐
提供寶寶其他適合的口腔活動。請參閱下一節。	☐
12 至 15 個月	
只在晚上睡前給寶寶奶瓶，且寶寶須坐直（如果兒科醫生允許，可以用水稀釋奶瓶中的牛奶）；可以繼續親餵。	☐
全天使用開口杯、嵌入式蓋杯或吸管（寶寶應該可以自行使用吸管飲食）給予其餘的液體（牛奶、水、非常稀的水果或蔬菜汁）。	☐
可以給寶寶一個帶手把的杯子。	☐
提供寶寶其他適合的口腔活動。請參閱下一節。	☐
15 至 18 個月	
寶寶會從奶瓶斷奶，並可以使用開口杯、嵌入式蓋杯或吸管飲食；可以繼續親餵。	☐
提供寶寶其他適合的口腔活動。請參閱下一節。	☐

合適的口腔物品和玩具

以下介紹的口腔物品和玩具建議隨著寶寶的成長而使用。其中大部分可以從 ARK Therapeutic 或 TalkTools 訂購，因為市面上並不常見。或者，你也可以遵循《沒有人告訴我（或我的母親）這些！從奶瓶及呼吸到健康言語發展的一切》（Diane Bahr 著）第 4、5 章的準則，在一般商店買到適合的口腔玩具。

提供符合寶寶嘴巴大小、安全且適合的口腔物品和玩具，以進行廣泛性和區辨性嚼食（generalized and discriminative mouthing）至關重要。太大或太難的口腔物品和玩具將無法給孩子帶來想要的效果，廣泛性嚼食是指讓寶寶吸啜、吸吮、嚼食及咬合靠近嘴巴前面的安全物品；區辨性嚼食是讓寶寶在口中探索、咬合及咀嚼物品。吃、喝和說都需要良好的口腔區辨能力。

圖表中的口腔物品和玩具適用於廣泛性嚼食（出生到 5 至 6 個月）、區辨性嚼食（5 至 6 個月以上）、長牙和整個口腔的探索。重要的是讓嬰幼兒在長牙過程中使用前面、側面和後面牙齦表面咬合及咀嚼適合的玩具。當你和寶寶一起看書或觀看影片時，可以同時進行探索口腔玩具和咀嚼的活動。請記住，咀嚼可以幫助任何年齡的人提高注意力、專注力及專心度——你吃過口香糖嗎？

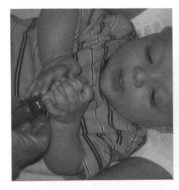 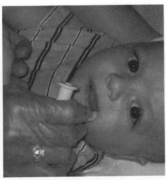

照片 4.13：Anthony（4 個月）正試著用嘴巴前面以廣泛性方式嚼食玩具（左）。但他已可以在協助下咀嚼黃色咀嚼棒（右）。

以下是一些資源，可以幫助你正確使用口腔玩具：

- 咀嚼棒，Mary Shiavoni 的作品（chewytubes.com）

- 《沒有人告訴我（或我的母親）這些！從奶瓶及呼吸到健康言語發展的一切》（Diane Bahr 著）[263]

- 《抓取器訣竅及技巧運動手冊》（*Tips & Techniques Exercise Book for the Grabber Family*）（Debra Lowsky 著）[264]

- 《M.O.R.E.：整合口腔、感覺和姿勢功能》（*M. O. R. E.: Integrating the Mouth with Sensory and Postural Functions*）（Patricia Oetter、EileenRichter 和 Shiela Frick 著）[265]

- 《OPT（Oral Placement Therapy）口腔定位治療技術在言語清晰度與餵食》〔*OPT (Oral Placement Therapy) for Speech Clarity and Feeding*〕（Sara Rosenfeld-Johnson 著）[266]

推薦的適齡嚼食物品或玩具

使用此圖表記錄孩子喜歡的嚼食物品或玩具。ARK Therapeutic 及 Chewy

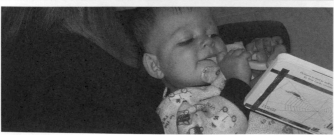

照片 4.14：Anthony（12 個月）選擇咀嚼橘色 Q 字咀嚼棒（上），接著他選擇一邊看書一邊咀嚼綠色 ARK 抓取器（下）。

照片 4.15：Cannon（6.5 個月）正在咀嚼並區辨性嚼食他的Beckman 三角咀嚼棒。手跟口在子宮內就開始一起工作，希望貫穿一生。寶寶經歷廣泛性嚼食（出生至 5 個月）以及區辨性嚼食（5 至 9 個月以上）的時期。

Tubes 的玩具使用經批准的材料在美國製作。TalkTools 及 ARK Therapeutic 的產品很多，請參閱前述「大部分商店很難找到的兒童餵食工具公司網站」。

出生至 3 個月（廣泛性嚼食）	
・寶寶自己的手與手指頭、父母的手指。	
紀錄：	
3 至 4 個月（廣泛性嚼食）	
・ARK 的 Debra Beckman 三角咀嚼棒 ・ARK 的寶寶抓取器或吉他造型固齒器	・ChewyTubes 的 Chewy and Knobby Q 字咀嚼棒 ・（以上口腔物品都需家長協助及監督下使用）
紀錄：	
5 至 9 個月（區辨性嚼食）	
・ChewyTubes 的 Chewy and Knobby Q 字咀嚼棒 ・黃色咀嚼棒（7 個月以上） ・ARK 的 Debra Beckman 三角咀嚼棒 ・ARK 的寶寶抓取器、柔軟抓取器或吉他造型固齒器	・其他適合尺寸的口腔玩具或經批准可在口中使用的物品 ・（以上口腔物品都需家長協助及監督下使用）
紀錄：	

9 至 12 個月（開始真正的嘴巴遊戲）

- 黃色及紅色咀嚼棒
- ChewyTubes 的 P 字和 Q 字咀嚼棒或 Super Chews
- ARK 的抓取器、Y 字咀嚼棒或吉他造型固齒器
- 寶寶喇叭或泡泡（由父母吹、示範及演示給孩子使用）
- 其他適合尺寸的口腔玩具或經批准可在口中使用的物品
- （以上口腔物品都需家長協助及監督下使用）

紀錄：

12 至 18 個月（真正的嘴巴遊戲）

- 黃色及紅色咀嚼棒
- Knobby 咀嚼棒
- ChewyTubes 的 P 字和 Q 字咀嚼棒或 Super Chews
- ARK 的抓取器、Y 字咀嚼棒或吉他造型固齒器
- 寶寶喇叭或泡泡（由父母吹、示範及演示給孩子使用）
- 其他適合尺寸的口腔玩具或經批准可在口中使用的物品
- （以上口腔物品都需家長協助及監督下使用）

紀錄：

18 至 24 個月（真正的嘴巴遊戲）

- 黃色及紅色咀嚼棒
- Knobby 咀嚼棒
- ChewyTubes 的 P 字和 Q 字咀嚼棒或 Super Chews
- ARK 的抓取器、Y 字咀嚼棒或吉他造型固齒器
- 寶寶喇叭或泡泡（由父母吹、示範及演示給孩子使用）
- 其他適合尺寸的口腔玩具或經批准可在口中使用的物品
- （以上口腔物品都需家長協助及監督下使用）

紀錄：

餵食問題和挑食

餵食問題（包括挑食），通常給父母及孩子帶來很大壓力。如果你的孩子有以下任何餵食問題，請諮詢孩子的兒科醫生：

照片 4.16：Anthony（12 個月）在玩吹喇叭時有良好的眼神接觸，吹喇叭可促進呼吸控制。

照片 4.17：即使是學齡前兒童在家也喜歡用咀嚼棒放鬆。3 歲的 Grayson 看影片時咀嚼黃色咀嚼棒替代吸吮大拇指。4 歲的 Rylee 決定她想要一個黃色咀嚼棒跟一個綠色 Knobby 棒。

- 我的孩子吃得不夠多。

- 我的孩子一直想進食。

- 我的孩子只吃某些食物。

　　你可能還需要與認證兒科營養師、營養專家或餵食治療師（例如：有餵食專長的職能治療師或語言病理學家）合作。

　　有些孩子被認為吃不夠，因為他們的胃很小。記住，你的孩子胃的尺寸大約是他的拳頭大小。對於這些孩子，兒科醫生可能會建議整天餵食孩子少量餐點，這對大多數人來說是一個好做法。

　　有些孩子可能看起來吃不夠，是因為他們被環境中其他東西分散注意力，而可能開始感到飽腹，因為他們沒有專注在餐點上。觀察孩子進食的環境，其他人是好榜樣嗎？餐桌的對話是什麼？話題是中立平靜的嗎？背景聲音是平靜的音樂還是有其他干擾，像是電視？一些年幼的孩子會因為電視而過度刺激或**分神**（zone out）。

有些孩子可能吃得不夠，因為他們會在進食時感到噁心。他們可能對某種食物過於敏感或過敏，也可能有逆流問題。嬰兒按摩對於有消化問題的寶寶有幫助，已經被證明可有效增加體重。[267] 有些孩子可能一直想要進食，要評估這些孩子有無胃食道逆流是很重要的。我遇過一些孩子有慢性逆流。當吞嚥時，食道向胃部擠壓，這會讓孩子停止逆流，因此孩子可能一直進食，因為這樣會阻止或減少逆流。還有一些整天吃零食的孩子，其中一些孩子也很難增加體重。吃零食跟少量多餐是不一樣的。

如果我的孩子有餵食問題該怎麼辦

請從表格描述中勾選符合你看到「孩子的問題」，以及你想要「嘗試的事」。

孩子的問題	打勾處	嘗試的事	打勾處
吃得不夠	☐	・整天提供少量餐點 ・消除環境干擾 ・努力營造中性舒適的環境並提供好榜樣 ・注意孩子的行為（是否經常打嗝或有腸胃問題） ・與孩子的兒科醫生、認證的兒科營養師或營養專家和／或餵食專家一起合作	☐
一直想進食	☐	・評估孩子食物過敏、敏感或逆流的可能性 ・與孩子的兒科醫生、認證的兒科營養師或營養專家和／或餵食專家一起合作	☐

如果你的孩子挑食，請評估觀察：

- 呼吸道或口腔問題。

- 口腔內和／或口腔周圍的感覺問題。

- 任何可能與問題相關的醫療問題（例如逆流或上呼吸道問題）。

- 食物質地是否照發展順序給予。

- 與挑食有關的行為問題。

如果我的孩子挑食怎麼辦

請從表格描述中勾選符合你看到「孩子似乎有的問題」，以及你想要「嘗試的事」。

孩子似乎有的問題	打勾處	嘗試的事	打勾處
進食和飲食的口腔運動。	☐	諮詢了解口腔運動的餵食專家（例如有餵食專長的語言病理學家或職能治療師）。	☐
口腔內、口腔附近和／或周圍的感覺（味道、質地、溫度、氣味等）。	☐	諮詢了解感覺的餵食專家（例如有餵食專長的語言病理學家或職能治療師）。隨著時間推移，緩慢且系統地改變孩子食物和液體的質地、味道、氣味等。	☐
胃食道逆流、呼吸（呼吸道）或可能與問題相關的醫療狀況。	☐	諮詢孩子的兒科醫生或適當的專家。通常呼吸道問題（如慢性鼻塞）會導致進食、飲食和吞嚥問題。呼吸需要與吞嚥相互協調。胃食道逆流與慢性鼻塞、鼻竇和耳部疾病，以及氣喘、嗓音異常有關。	☐

孩子似乎有的問題	打勾處	嘗試的事	打勾處
與挑食有關的行為。	☐	除了感覺—運動問題外，還要諮詢了解行為的餵食專家（例如有餵食專長的語言病理學家或職能治療師）。另外，考慮在團隊中增加行為專家。若有需要，應用行為分析專家（ABA）、心理師和兒童社會工作者也是團隊的適當成員。	☐

如果你的孩子挑食，請諮詢孩子的兒科醫生。如果這是一個嚴重的問題（你的孩子沒有得到充分的水分和營養），兒科醫生通常會協助轉介給餵食專家及認證的兒科營養師或營養專家。餵食專家是可以評估上表並列出問題的人，因此你可以諮詢有餵食專長的語言病理學家或職能治療師。認證的兒科營養師或營養專家將指導餵食專家、兒科醫生和你，根據孩子需求選擇適當的食物、液體及補充劑。

透過閱讀本書，對於孩子嘴巴在餵食過程中應該如何移動，你已有充分地了解。如果孩子似乎沒有能力在餵食活動中適當移動嘴巴，需要尋求評估。餵食專家（如餵食專長的職能治療師或語言病理學家）可以評估孩子，並提供你跟孩子在家進行的活動，讓孩子藉此發展良好的餵食、進食及飲食所需要的動作。此外，你可以系統化改變孩子的食物及液體質地，觀察孩子是否有改善。例如，濃稠的液體比一般稀薄的液體為口腔帶來更多感受。如果你增稠液體，孩子的飲食可能會改善。你還可以使用攪拌機或食物處理機來改變食物的質地。改變食物質地（變稠或變稀）後，觀察孩子是否有進步。

有些孩子喜歡豐富或不同的味道，嬰兒食物通常很平淡，許多嬰兒配方奶粉都有類似藥物的味道。嬰兒通常喜歡甜味或鹹味，若不想在食物中添加太多的糖或鹽，可以呈現自然甜味或鹹味的食物（當孩子準備好時可給予胡蘿蔔、南瓜、水果和魚）。請參閱第1章的「飲食檢核表：出生至24個月」。

隨著孩子長大，你可以在飲食中添加風味（例如大蒜、洋蔥、肉桂或其他適當的香料），特別是孩子喜歡豐富味道的話。如果你正在親餵，寶寶可能已經嘗試過許多不同味道了。你可以添加母乳到米糊中，看看比起僅加水調製的嬰兒米糊，寶寶（約 6 個月）是否更喜歡這種組合。

同樣重要的是，觀察是否有任何可能導致孩子挑食的醫療問題。患有逆流的孩子可能會意識到某些食物會讓他感到噁心，但他可能不知道是哪一種食物導致這個問題，這也可能每一天都有變化。逆流跟其他消化問題可能可以部分解釋某些孩子挑食的原因。此外，胃食道逆流與慢性鼻塞、鼻竇和耳部疾病，以及氣喘、嗓音異常有關。

通常慢性鼻塞等呼吸道問題會導致餵食、進食和吞嚥問題。呼吸與吞嚥需要相互協調。如果孩子有鼻腔或鼻竇問題，可能會改變食物的味道。你是否有注意過，當你患有鼻竇感染或感冒時，食物的味道會有所不同？因此，注意孩子是否可能有任何鼻腔或鼻竇問題是非常重要的。食物的氣味是體驗味道的一個重要要素，我們基本上用舌頭品嘗甜、鹹、酸、香和苦，食物的氣味和強度能讓我們品嘗到櫻桃和草莓之間的差異。當孩子挑食時，食物的氣味往往對他們來說沒有吸引力。如果孩子不能忍受食物的氣味，自然就不會想讓它進入嘴裡。因此在治療中，我常常會先觀察孩子是否喜歡食物的氣味，然後再進行到嘴裡去品嘗食物。

如果孩子難以接受特定食物或液體的氣味、味道、質地等，食物紀錄是一個重要的起點。你需要至少三個整天，記錄你孩子吃的和喝的任何食物。有了紀錄，你可以尋求餵食專家（例如有餵食專長的職能治療師或語言病理學家）和認證的兒科營養師或營養學家的幫助，開始對孩子的飲食進行一些系統化的小改變。

食物和液體紀錄

在下表記錄孩子攝取的食物和液體以及大致份量。在相應日期空格中填入資料。

	早餐	午餐	晚餐	點心
第一天				
第二天				
第三天				

我孩子的飲食模式

查看孩子的食物和液體紀錄，並注意任何模式。使用下表來幫助你觀察孩子的個人喜好。在這個過程中，你可能會意識到孩子做的遠比你想像的要好。根據需求，與餵食專家（例如有餵食專長的職能治療師或語言病理學家）、認證的兒科營養師或營養學家及兒科醫生一起合作。

食物和液體特性	孩子的食物和液體有什麼相似之處？	我們可以嘗試什麼？
味道		
氣味		
質地		
溫度		
顏色		
形狀		
其他		

　　除了口腔運動、感覺、呼吸道和醫療問題外，行為問題將很快與餵食問題一起出現。因為行為是一個溝通方式，如果孩子無法使用語言讓你理解，他會透過行為及肢體語言讓你知道。因此除了餵食專家及認證的兒科營養師或營養專家，如果有需要，請考慮在你的團隊加入行為學家。應用行為分析（ABA）專家、心理師和兒童社會工作者都可以成為餵食團隊的適當成員。

　　我常擔心父母和專業人士認為挑食純粹是一個行為問題。重要的是，要觀察孩子的行為傳達的是什麼，並藉此找出改變的方法，讓孩子了解你理解他的溝通。此外，讓孩子參與食物準備過程。對於一個年幼的孩子來說可能有點奇怪，但他正從周圍環境發生的事情中學到很多東西，這能幫助孩子成為過程中的一部分。

　　當你準備餐點時，可以簡單讓你的孩子坐在餐椅上。孩子不需要一直坐在那裡，你可以向孩子展示即將準備的食物並且做些討論。讓孩子看到、聞到並摸到食物，當孩子這樣做時讚美他，並讓他選擇你要準備的食物。即使是非常小的嬰兒（6個月）也可以用眼神或肢體語言做出選擇。例如，當你展示青花菜或蘆筍時，你可以說：「Kyle，幫媽媽或爸爸選一個來煮。」讓孩子看一看、聞一聞、摸一摸他的選擇，並讚美他對你的幫忙。

　　很多孩子喜歡跟爸媽去商店，這是討論挑選家庭食物的好時機，孩子可以幫忙你做出一些選擇。當然，你會提供健康的食物選擇來符合家人的營養需求，例如你可以說：「Erica，我們應該買蘋果還是梨子呢？」

　　有些父母給孩子太多的食物選擇，當提供選擇時，一開始限制兩個選項就好，太多選擇會讓孩子不知所措。我曾經跟一位母親一起工作，她桌上有15罐嬰兒食物讓寶寶選擇，這對媽媽跟孩子來說都太超出負荷了。讓孩子選擇食物並參與準備，是獲得合作與參與的好方法，可以幫助孩子與食物建立終身良好的關係。當你餵食孩子，記住吃飯是社交體驗，別著急，和孩子好好聊天。和孩子一起飲食，將幫助你跟孩子調整用餐速度，這是另一項重要的生活技能。

　　父母還需要了解一點：孩子在第一次品嘗食物時有可能會不喜歡它。你自己是否第一次品嘗就喜歡每一種食物？需要多少次才會逐漸接受？你可能需要讓孩子嘗試 10 到 15 次，讓他適應食物的氣味、味道和／或質地。過程中要有耐心，不要強迫孩子。如果孩子一開始吐出食物，不要預設他永遠都不喜歡這樣食物，這有可能是他對新事物的反應。如果你在孩子吐出食物時表現不開心，這可能會無意中強化孩子吐出食物的反應。

　　有許多專為父母的、有關挑食和營養的書籍，以下是書單：

- 《素食樂園的冒險：透過 100 個簡單活動和食譜幫助孩子愛上蔬菜》（*Adventures in Veggieland: Help Your Kids Learn to Love Vegetables with 100 Easy Activities and Recipes*）。Melanie Potock 著 [268]

- 《嬰兒自我餵食：創造終生健康飲食習慣的固體食物解決方案》（*Baby Self-Feeding: Solid Food Solutions to Create Lifelong, Healthy Eating Habits*）。Nancy Ripton 和 Melanie Potock 著 [269]

- 《我的孩子：用愛和理智餵食》（*Child of Mine: Feeding with Love and Good Sense*）。Ellyn Satter 著 [270]

- 《與快樂孩子快樂用餐：如何教孩子享用食物的樂趣》（*Happy Mealtimes with Happy Kids: How to Teach Your Child about the Joy of Food*）。Melanie Potock 著 [271]

- 《幫助嚴重偏食兒童：克服選擇性飲食、食物厭惡和餵食障礙的分步指南》（*Helping Your Child with Extreme Picky Eating: A Step-by-Step Guide for Overcoming Selective Eating, Food Aversion, and Feeding Disorders*）。Katja Rowell 和 Jenny McGlothlin 著 [272]

- 《如何讓孩子吃……但不過多》（*How to Get Your Kid to Eat ...... But Not Too Much*）。Ellen Satter 著 [273]

- 《咬一口：簡單、有效、解決食物厭惡和飲食挑戰》（*Just Take a Bite: Easy, Efective, Answers to Food Aversion and Eating Challenges*）。Lori Ernsperger 和 Tania Stegen-Hanson 著 [274]

- 《養育一個健康快樂的食客：讓孩子按階段走向探險飲食之路的指南》（*Raising a Healthy, Happy Eater: A Stage-by-Stage Guide to Setting Your Child on the Path to Adventurous Eating*）。Nimali Fernando 和 Melanie Potock 著 [275]

照片 4.18：小廚師 Rylee（5 歲）與他的祖母 Diane 一起製作馬芬。

參考文獻

1. Karp, H. (2002). *The Happiest Baby on the Block*. New York, NY: Bantam Dell, 4.

2. Morris, S.E. (2003). *A Longitudinal Study of Feeding and Pre-Speech Skills from Birth to Three Years* (unpublished research study). VA: New Visions.

3. Morris, S.E., & Klein, M.D. (2000). *Pre-Feeding Skills: A Comprehensive Resource for Mealtime Development* (2nd ed.). Austin, TX: Pro Ed, 51-53, 71, 525-529, 697-711.

4. Morris, S.E., & Klein, M.D. (1987). *Pre-Feeding skills: A Comprehensive Resource for Feeding Development*. Tucson, AZ: Therapy Skill Builders, 305-306.

5. Morris, S.E. (1985). "Developmental Implications for the Management of Feeding Problems in Neurologically Impaired Infants. *Semin Speech Lang, 6*(4): 293-315.

6. Bahr, D., & Gatto, K. (2017, Nov.). *Mouth and Airway Development, Disorders, Assessment, and Treatment: Birth to Age 7*. Los Angeles, CA: American Speech-Language-Hearing Convention.

7. Bahr, D. (2010). *Nobody Ever Told Me (or My Mother) That! Everything from Bottles and Breathing to Healthy Speech Development*. Arlington, TX: Sensory World.

8. Bahr, D.C. (2001). *Oral Motor Assessment and Treatment: Ages and Stages*. Boston, MA: Allyn and Bacon, 5, 17-20, 44-45, 121-133, 147.

9. Lau, C. (2015). "Development of Suck and Swallow Mechanisms in Infants." *Ann Nutr Metab, 66*(suppl. 5): 7-14.

10. Oetter, P., Richter, E.W., & Frick, S.M. (1995). *M.O.R.E.: Integrating the Mouth with Sensory and Postural Functions* (2nd ed.). Hugo, MN: PDP Press, Inc., 8, 20, 27.

11. Winstock, A. (2005). *Eating & Drinking Difficulties in Children: A Guide for Practitioners*. Oxon, UK: Speechmark Publishing, Ltd.

12. Montagu, A. (1986). *Touching: The Human Significance of the Skin* (3rd ed.). New York: Harper & Row, Publishers, 84.

13. American Dental Association (2012). *Primary Tooth Development*. Retrieved from http://www.mouthhealthy.org/en/az-topics/e/eruption-charts.

14. Kent, R.D. (1999). "Motor Control: Neurophysiology and Functional Development." In A.J. Caruso and E.A. Strand (Eds.), *Clinical Management of Motor Speech Disorders in Children* (pp. 29-71). New York: Thieme Medical Publishers.

15. Eisenberg, A., Murkoff, H.E., & Hathaway, S.E. (1989). *What to Expect the First Year*. New York: Workman Publishing.

16. Eisenberg, A., Murkoff, H.E., & Hathaway, S.E. (1994). *What to Expect: The Toddler Years*. New York: Workman Publishing.

17. Uddin, L.Q., Iacoboni, M., Lange, C., & Keenan, J.P. (2007). "The Self and Social Cognition: The Role of Cortical Midline Structures and Mirror Neurons." *Trends Cogn Sci, 11*(4): 153-157.

18. Miall, R.C. (2003). "Connecting Mirror Neurons and Forward Models." *Neuroreport, 14*(17): 2135-2137.

19. Heyes, C. (2010). "Where do Mirror Neurons Come From?" *Neuro Biobehav Rev, 34* (4): 575-583.

20. Morris, S.E. (2003). *A Longitudinal Study of Feeding and Pre-Speech Skills from Birth to Three Years* (unpublished research study). VA: New Visions.

21. Morris, S.E., & Klein, M.D. (2000). *Pre-Feeding skills: A Comprehensive Resource for Mealtime Development* (2nd ed.). Austin, TX: Pro Ed.

22. Widström, A.M., Lilja, G., Aaltomaa-Michalias, P., Dahllöf, A., Lintula, M., & Nissen, E. (2011). "Newborn Behaviour to Locate the Breast when Skin-to-Skin: A Possible Method for Enabling Early Self-Regulation." *Acta paediatrica, 100*(1): 79-85.

23. Girish, M., Mujawar, N., Gotmare, P., Paul, N., Punia, S., & Pandey, P. (2013). "Impact and Feasibility of Breast Crawl in a Tertiary Care Hospital." *J Perinatol, 33*(4): 288-291.

24. Heidarzadeh, M., Hakimi, S., Habibelahi, A., Mohammadi, M., & Shahrak, S.P. (2016). "Comparison of Breast Crawl Between Infants Delivered by Vaginal Deliv-

ery and Cesarean Section." *Breastfeed Med, 11*(6): 305-308.

25. McDonald, S.J., & Middleton, P. (2008). "Effect of Timing of Umbilical Cord Clamping of Term Infants on Maternal and Neonatal Outcomes." *Cochrane Database Syst Rev, 2*(2).

26. Guilleminault, C., & Huang, Y.S. (2017). "From Oral Facial Dysfunction to Dysmorphism and the Onset of Pediatric OSA." *Sleep Medicine Reviews*.

27. Abreu, R.R., Rocha, R.L., Lamounier, J.A., & Guerra, Â.F.M. (2008b). "Etiology, Clinical Manifestations and Concurrent Findings in Mouth-Breathing Children." *Jornal de Pediatria, 84*(6): 529-535.

28. Guilleminault, C., & Sullivan, S.S. (2014). "Towards Restoration of Continuous Nasal Breathing as the Ultimate Treatment Goal in Pediatric Obstructive Sleep Apnea." *Enliven, 1*(1): 1-5.

29. Lee, S.H., Choi, J.H., Shin, C., Lee, H.M., Kwon, S.Y., & Lee, S.H. (2007). "How Does Open-Mouth Breathing Influence Upper Airway Anatomy?" *Laryngoscope, 117*, 1102-1106.

30. Lee, S., Guilleminault, C., Chiu, H., & Sullivan, S.S. (2015). "Mouth Breathing, 'Nasal Disuse,' and Pediatric Sleep-Disordered Breathing." *Sleep Breath, 19*(4): 1257-1264.

31. Trevarthen, C. (1979). "Communication and Cooperation in Early Infancy: A Description of Primary Intersubjectivity." In M. Bullowa (Ed.) *Before Speech* (pp. 321-347). New York, NY: Cambridge University Press.

32. Morris, S.E., & Klein, M.D. (2000). *Pre-Feeding Skills: A Comprehensive Resource for Mealtime Development* (2nd ed.). Austin, TX: Pro Ed, 69.

33. Feig, C. (2011). *Exclusive Breastfeeding for Six Months Best for Babies Everywhere*. Geneva, Switzerland: World Health Organization. Retrieved from http://www.who.int/mediacentre/news/statements/2011/breastfeeding_20110115/en/.

34. Kramer M.S., & Kakuma R. (2012). "Optimal Duration of Exclusive Breastfeeding." *Cochrane Database Syst Rev, 8* (CD003517).

35. Stevenson, R.D., & Allaire, J.H. (1991). "The Development of Normal Feeding and

Swallowing." *Pediatric Clinics of North America, 38*(6): 1439-1453.

36. Tinanoff, N., & Palmer, C.A. (2000). "Dietary Determinants of Dental Caries and Dietary Recommendations for Preschool Children." *Journal Public Health Dent, 60* (3): 197-206.

37. Potock, M. (n.d.). "Why You May Want to Skip the Sippy Cup for Your Baby." *Parents*. Retrieved from https://www.parents.com/baby/feeding/center/why-you-may-want-to-skip-the-sippy-cup-for-your-baby/.

38. Potock, M. (2014, Jan). "Step Away from the Sippy Cup!" *The ASHA Leader Blog*. Retrieved from https://blog.asha.org/2014/01/09/step-away-from-the-sippy-cup/.

39. Potock, M. (2017, Feb). "Sippy Cups: 3 Reasons to Skip Them and What to Offer Instead." *The ASHA Leader Blog*. Retrieved from https://blog.asha.org/2017/02/28/sippy-cups-3-reasons-to-skip-them-and-what-to-offer-instead/.

40. Tinanoff, N., & Palmer, C.A. (2000). "Dietary Determinants of Dental Caries and Dietary Recommendations for Preschool Children." *Journal Public Health Dent, 60* (3): 197-206.

41. Potock, M. (n.d.). "Why You May Want to Skip the Sippy Cup for your Baby." *Parents*. Retrieved from https://www.parents.com/baby/feeding/center/why-you-may-want-to-skip-the-sippy-cup-for-your-baby/.

42. Potock, M. (2014, Jan). "Step Away from the Sippy Cup!" *The ASHA Leader Blog*. Retrieved from https://blog.asha.org/2014/01/09/step-away-from-the-sippy-cup/.

43. Potock, M. (2017, Feb). "Sippy Cups: 3 Reasons to Skip Them and What to Offer Instead." *The ASHA Leader Blog*. Retrieved from https://blog.asha.org/2017/02/28/sippy-cups-3-reasons-to-skip-them-and-what-to-offer-instead/.

44. Satter, E. (2000). *Child of Mine: Feeding with Love and Good Sense, Revised*. Boulder, CO: Bull Publishing Company, 250-251.

45. Stoppard, M. (1998). *First Foods*. New York: DK Publishing, Inc., 14-15.

46. Morris, S.E., & Klein, M.D. (2000). *Pre-Feeding Skills: A Comprehensive Resource for Mealtime Development* (2nd ed.). Austin, TX: Pro Ed, 697-711.

47. Samuels, M. & Samuels, N. (1991). *The Well Baby Book: A Comprehensive Manual*

of Baby Care, from Conception to Age Four. New York: Summit Books, 162.

48. Huggins, K. (1999). *The Nursing Mother's Companion* (4th ed.). Boston: The Harvard Common Press, 31.

49. Cameron, S.L., Taylor, R.W., & Heath, A.L.M. (2015). "Development and Pilot Testing of Baby-Led Introduction to Solids - A Version of Baby-Led Weaning Modified to Address Concerns about Iron Deficiency, Growth Faltering, and Choking." *BMC Pediatr, 15*(1): 99.

50. Arden, M.A., & Abbott, R.L. (2015). "Experiences of Baby-Led Weaning: Trust, Control and Renegotiation." *Matern Child Nut, 11*(4): 829-844.

51. Cameron, S.L., Heath, A.L.M., & Taylor, R.W. (2012). "How Feasible is Baby-Led Weaning as an Approach to Infant Feeding? A Review of the Evidence." *Nutrients, 4*(11): 1575-1609.

52. Brown, A., & Lee, M. (2013). "An Exploration of Experiences of Mothers Following a Baby-Led Weaning Style: Developmental Readiness for Complementary Foods." *Matern Child Nut, 9*(2): 233-243.

53. Potock, M. (2018). *Adventures in Veggieland: Help Your Kids Learn to Love Vegetables with 100 Easy Activities and Recipes*. New York: The Experiment, LLC.

54. Overland, L.L., & Merkel-Walsh, R. (2015). *A Sensory Motor Approach to Feeding*. Charleston, SC: TalkTools.

55. Ripton, N., & Potock, M. (2016). *Baby Self-Feeding: Solid Food Solutions to Create Lifelong, Healthy Eating Habits*. Beverly, MA: Fairwinds Press.

56. Rapley, G., & Murkett, T. (2010). *Baby-Led Weaning: The Essential Guide to Introducing Solid Foods and Helping Your Baby Grow Up a Happy and Confident Eater*. New York: The Experiment, LLC.

57. Satter, E. (2000). *Child of Mine: Feeding with Love and Good Sense, Revised*. Boulder, CO: Bull Publishing Company.

58. Potock, M. (2010). *Happy Mealtimes with Happy Kids: How to Teach your Child About the Joy of Food*. Longmont, CO: My Munch Bug Publishing.

59. Rowell, K., & McGlothlin, J. (2015). *Helping Your Child with Extreme Picky Eating:*

A Step-by-Step Guide for Overcoming Selective Eating, Food Aversion, and Feeding Disorders. Oakland, CA: New Harbinger Publications, Inc.

60. Satter, E. (1987). *How to Get Your Kid to Eat ...... But Not Too Much*. Boulder, CO: Bull Publishing Company.

61. Ernsperger, L., & Stegen-Hanson, T. (2004). *Just Take a Bite: Easy, Effective, Answers to Food Aversion and Eating Challenges!* Arlington, TX: Future Horizons Inc.

62. Bahr, D. (2010). *Nobody Ever Told Me (or My Mother) That! Everything from Bottles and Breathing to Healthy Speech Development*. Arlington, TX: Sensory World.

63. Morris, S.E., & Klein, M.D. (2000). *Pre-Feeding Skills: A Comprehensive Resource for Mealtime Development* (2nd ed.). Austin, TX: Pro Ed.

64. Bly, L. (1994). *Motor Skills Acquisition in the First Year: An Illustrated Guide to Normal Development*. San Antonio, TX: Therapy Skill Builders. 1-153.

65. Dargassies, S.S.A. (1977). *Neurological Development in the Full-Term and Premature Neonate*. Excerpta Medica.

66. Vulpe, S.G. (1994). *Vulpe Assessment Battery – Revised: Developmental Assessment, Performance Analysis, Individualized Programming for the Atypical Child*. New York: Slosson Educational Publications.

67. Johnson-Martin, N.M., Attermeier, S.M., & Hacker, B.J. (2004). *The Carolina Curriculum for Infants & Toddlers with Special Needs* (3rd ed.). Baltimore, MD: Paul H. Brookes Publishing Company.

68. Mitchell, E.A., & Krous, H.F. (2015). "Sudden Unexpected Death in Infancy: A Historical Perspective." *Journal of Paediatric Child Health, 51*(1): 108-112.

69. Task Force on Sudden Infant Death Syndrome. (2011). "SIDS and Other Sleep-Related Infant Deaths: Expansion of Recommendations for a Safe Infant Sleeping Environment." *Pediatrics, 128*(5): e1341-1367.

70. Fleming, P.J., Blair, P.S., & Pease, A. (2015). "Sudden Unexpected Death in Infancy: Aetiology, Pathophysiology, Epidemiology and Prevention in 2015." *Arc Dis Child*, 100(10): 984-988.

71. Mitchell, E.A., & Blair, P.S. (2012). "SIDS Prevention: 3000 Lives Saved but We

Can Do Better." *NZ Med J (Online)*, 125(1359): 50.

72. Grillon, C., Pine, D.S., Baas, J.M., Lawley, M., Ellis, V., & Charney, D.S. (2006). "Cortisol and DHEA-S are Associated with Startle Potentiation During Aversive Conditioning in Humans." *Psychopharmacology, 186*(3): 434-441.

73. Brain Sync (n.d.). *Moro Reflex*. Retrieved from http://www.brain-sync.net/reflexes-2/moro/.

74. Move, Play, Thrive (n.d.). *Moro Reflex*. Retrieved from https://www.moveplaythrive.com/articles-by-move-play-thrive/unintegrated-reflexes/37-moro-reflex.

75. Bonuck, K.A., Chervin, R.D, Cole, T.J., Emond, A., Henderson, J., Xu, L., & Freeman, K. (2011). "Prevalence and Persistence of Sleep Disordered Breathing Symptoms in Young Children: A 6-Year Population-Based Cohort Study." *SLEEP, 34*(7): 875-884.

76. Bonuck, K., Freeman, K., Chervin, R.D., & Xu, L. (2012). "Sleep-Disordered Breathing in a Population-Based Cohort: Behavioral Outcomes at 4 and 7 Years." *Pediatrics, 129*(4): 1-9.

77. Guilleminault, C., & Akhtar, F. (2015). "Pediatric Sleep-Disordered Breathing: New Evidence on Its Development." *Sleep Med Rev, 24*, 46-56.

78. Guilleminault, C., & Huang, Y.S. (2017). "From Oral Facial Dysfunction to Dysmorphism and the Onset of Pediatric OSA." *Sleep Medicine Reviews*.

79. Guilleminault, C., Huang, Y.S., Monteyrol, P.J., Sato, R., Quo, S., & Lin, C.H. (2013). "Critical Role of Myofascial Reeducation in Pediatric Sleep-Disordered Breathing." *Sleep Med, 14*(6): 518-525.

80. Bly, L. (1994). *Motor Skills Acquisition in the First Year: An Illustrated Guide to Normal Development*. San Antonio, TX: Therapy Skill Builders. 1-153.

81. Vulpe, S.G. (1994). *Vulpe Assessment Battery – Revised: Developmental Assessment, Performance Analysis, Individualized Programming for the Atypical Child*. New York: Slosson Educational Publications.

82. Bahr, D.C. (2001). *Oral Motor Assessment and Treatment: Ages and Stages*. (Boston: Allyn and Bacon), 4-7.

83. Bahr, D. (2010). *Nobody Ever Told Me (or My Mother) That! Everything from Bottles and Breathing to Healthy Speech Development*. Arlington, TX: Sensory World.

84. Love, R.J., & Webb, W.G. (1996). *Neurology for the Speech-Language Pathologist*. (3rd ed.) Boston: Butterworth-Heinemann, 287-293.

85. Morris, S.E., & Klein, M.D. (1987). *Pre-Feeding Skills: A Comprehensive Resource for Feeding Development*. Tucson: Therapy Skill Builders, 26-27.

86. Morris, S.E., & Klein. M.D. (2000). *Pre-Feeding Skills: A Comprehensive Resource for Mealtime Development* (2nd ed.). Austin, TX: Pro Ed, 71, 697-711.

87. Samuels, M., & Samuels, N. (1991). *The Well Baby Book: A Comprehensive Manual of Baby Care, from Conception to Age Four*. New York: Summit Books, 142.

88. Tuchman, D.N., & Walter, R.S. (1994). *Disorders of Feeding and Swallowing in Infants and Children: Pathophysiology, Diagnosis, and Treatment*. San Diego: Singular Publishing Group, 29-31.

89. Montagu, A. (1986). *Touching: The Human Significance of the Skin* (3rd ed.). New York: Harper & Row, Publishers, 69-95.

90. Stevenson, R.D., & Allaire, J.H. (1991). *The Development of Normal Feeding and Swallowing*. Pediatric Clinics of North America, 38(6): 1439-1453.

91. Montagu, A. (1986). *Touching: The Human Significance of the Skin* (3rd ed.). New York: Harper & Row, Publishers, 82.

92. Oetter, P., Richter, E.W., & Frick, S.M. (1995) *M.O.R.E.: Integrating the Mouth with Sensory and Postural Functions* (2nd ed.). Hugo, MN: PDP Press, Inc., 21.

93. Morris, S.E., & Klein, M.D. (2000). *Pre-Feeding Skills: A Comprehensive Resource for Mealtime Development* (2nd ed.) Austin, TX: Pro Ed, 69.

94. Bahr, D.C. (2001). *Oral Motor Assessment and Treatment: Ages and Stages*. Boston: Allyn and Bacon, 4-7.

95. Bahr, D. (2010). *Nobody Ever Told Me (or My Mother) That! Everything from Bottles and Breathing to Healthy Speech Development*. Arlington, TX: Sensory World.

96. Morris, S.E., & Klein, M.D. (1987). *Pre-Feeding Skills: A Comprehensive Resource for Feeding Development*. Tucson, AZ: Therapy Skill Builders, 26-27.

97. Tuchman, D.N., & Walter, R.S. (1994). *Disorders of Feeding and Swallowing in Infants and Children: Pathophysiology, Diagnosis, and Treatment*. San Diego: Singular Publishing Group, 29-31.

98. Genna, C.W., & Sandora, L. (2017). "Breastfeeding: Normal Sucking and Swallowing." In C.W. Genna (Ed.), *Supporting Sucking Skills in Breastfeeding Infants* (3rd ed., pp. 1-48). Woodhaven, NY: Jones and Bartlett Learning.

99. Elad, D., Kozlovsky, P., Blum, O., Laine, A.F., Ming, J.P. Botzer, E., Dollberg, S., Zelicovich, M., & Sira L.B. (2014, Apr.). "Biomechanics of Milk Extraction During Breast-Feeding." *Proceedings of the National Academy of Sciences for the United Stated of America, 111*(14). 5230-5235.

100. Geddes, D.T., Kent, J.C., Mitoulas, L.R., & Hartmann, P.E. (2008). "Tongue Movement and Intra-Oral Vacuum in Breastfeeding Infants." *Early Hum Dev, 84*(7): 471-477.

101. Gomes, C.F., Trezza, E., Murade, E., & Padovani, C.R. (2006). "Surface Electromyography of Facial Muscles During Natural and Artificial Feeding of Infants." *Jornal de Pediatria, 82*(2): 103-109.

102. Inoue, N., Sakashita, R., & Kamegai, T. (1995). "Reduction of Masseter Muscle Activity in Bottle-Fed Babies." *Early Hum Dev, 42*(3): 185-193.

103. Moral, A., Bolibar, I., Seguranyes, G., Ustrell, J, Sebastia, G., Martínez-Barba, C., & Ríos, J. (2010). "Mechanics of Sucking: Comparison Between Bottle Feeding and Breastfeeding." *BMC Pediatrics, 10*(6): 1- 8.

104. Miller, J.L., & Kang, S.M. (2007). "Preliminary Ultrasound Observation of Lingual Movement Patterns During Nutritive Versus Non-Nutritive Sucking in a Premature Infant." *Dysphagia, 22*(2): 150-160.

105. Nyqvist, K.H., Färnstrand, C., Eeg-Olofsson, K.E., & Ewald, U. (2001). "Early Oral Behaviour in Preterm Infants During Breastfeeding: An Electromyographic Study." *Acta Paediatr, 90*(6): 658-663.

106. Oetter, P., Richter, E.W., & Frick S.M. (1995). *M.O.R.E.: Integrating the Mouth with Sensory and Postural Functions* (2nd ed.). Hugo, MN: PDP Press, Inc.

107. Montagu, A. (1986). *Touching: The Human Significance of the Skin* (3rd ed.). New

York: Harper and Row Publishers, 85.

108. Moral, A., Bolibar, I., Seguranyes, G., Ustrell, J, Sebastia, G., Martínez-Barba, C., & Ríos, J. (2010). "Mechanics of Sucking: Comparison Between Bottle Feeding and Breastfeeding." *BMC Pediatrics, 10*(6): 1- 8.

109. Silveira, L.M.D., Prade, L.S., Ruedell, A.M., Haeffner, L.S.B., & Weinmann, A.R. M. (2013). "Influence of Breastfeeding on Children's Oral Skills." *Revista de Saúde Pública, 47*(1): 37-43.

110. Bartick, M., & Reinhold, A. (2010). "The Burden of Suboptimal Breastfeeding in the United States: A Pediatric Cost Analysis." *Pediatrics, 125*(5): e1048-e1056.

111. Montagu, A. (1986). *Touching: The Human Significance of the Skin* (3rd ed.). New York: Harper and Row Publishers, 83.

112. Bueno, S.B., Bittar, T.O., Vazquez, F.D.L., Meneghim, M.C., & Pereira, A.C. (2013). "Association of Breastfeeding, Pacifier Use, Breathing Pattern and Malocclusions in Preschoolers." *Dental Press J Orthod, 18*(1): 30e1-30e6.

113. Warren, J.J., Levy, S.M., Kirchner, H.L., Nowak, A.J., & Bergus, G.R. (2001). "Pacifier Use and the Occurrence of Otitis Media in the First Year of Life." *Pediatr Dent, 23*(2): 103-108.

114. Cheng, M.C., Enlow, D.H., Papsidero, M., Broadbent, B.H. Jr, Oyen, O., & Sabat, M. (1988). "Developmental Effects of Impaired Breathing in the Face of the Growing Child." *Angle Orthod, 58*, 309-320.

115. Guilleminault, C., & Huang, Y.S. (2017). "From Oral Facial Dysfunction to Dysmorphism and the Onset of Pediatric OSA." *Sleep Med Rev.*

116. Lundberg, J.O.N., & Weitzberg, E. (1999). "Nasal Nitric Oxide in Man." *Thorax, 54* (10): 947- 952.

117. Marangu, D., Jowi, C., Aswani, J., Wambani, S., & Nduati, R. (2014). "Prevalence and Associated Factors of Pulmonary Hypertension in Kenyan Children with Adenoid or Adenotonsillar Hypertrophy." *Int J Pediatr Otorhinolaryngol, 78*(8): 1381-1386.

118. Schlenker, W.L., Jennings, B.D., Jeiroudi, M.T., & Caruso, J.M. (2000). "The Effects

of Chronic Absence of Active Nasal Respiration on the Growth of the Skull: A Pilot Study." *Am J Orthod Dentofacial Orthop, 117*(6): 706-713.

119. Page, D.C., Sr. (2003). "'Real' Early Orthodontic Treatment: From Birth to Age 8." *Funct Orthod: J Funct Jaw Orthop, 20*(1-2): 48-58.

120. Aniansson, G., Alm, B., Andersson, B., Håkansson, A., Larsson, P., Nylén, O., Peterson, H., Rignér, P., Svanborg, M., Sabharwal, H., et al. (1994). "A Prospective Cohort Study on Breast-Feeding and Otitis Media in Swedish Infants." *Pediatr Infect Dis J, 13*(3): 183-188.

121. Watkins, C.J., Leeder, S.R., & Corkhill, R.T. (1979). "The Relationship Between Breast and Bottle Feeding and Respiratory Illness in the First Year of Life." *J Epidemiol Community Health, 33*(3): 180-182.

122. Gerstein H.C. (1994). "Cow's Milk Exposure and Type I Diabetes Mellitus. A Critical Overview of the Clinical Literature." *Diabetes Care, 17*(1): 13-9.

123. Barlow, B., Santulli, T.V., Heird, W.C., Pitt, J., Blanc, W.A., & Schullinger, J.N. (1974). "An Experimental Study of Acute Neonatal Enterocolitis - The Importance of Breast Milk." *J Pediatr Surg, 9*(5): 587-595.

124. Saarinen U.M., & Kajosaari M. (1995). "Breastfeeding as Prophylaxis Against Atopic Disease: Prospective Follow-Up Study Until 17 Years Old." *Lancet, 346*(8982): 1065-1069.

125. Cullinan, T.R., & Saunder D.I. (1983). "Prediction of Infant Hospital Admission Risk." *Arch Dis Child, 68*, 423-427.

126. Mitchell, E.A., Scragg, R., Stewart, A.W., Becroft, D.M., Taylor, B.J., Ford, R.P., ... & Roberts, A.P. (1991). "Results from the First Year of the New Zealand Cot Death Study." *NZ Med J, 104*(906): 71-76.

127. Pottenger, F.M., & Krohn, B. (1950). "Influence of Breast Feeding on Facial Development." *Arch Pediatr, 67*(10): 454-461.

128. Robinson, S., & Naylor, S.R. (1963). "The Effects of Late Weaning on the Deciduous Incisor Teeth: A Pilot Survey." *Brit Dent. J, 115*, 250-252.

129. Nizel, A.E. (1975). "Nursing Bottle Syndrome: Rampant Dental Caries in Young

Children." *Nutr News*, 38, 1-7.

130. Broad, F.E. (1972). "The Effects of Infant Feeding on Speech Quality." *NZ Med J, 76*, 28-31.

131. Broad, F.E. (1975). "Further Studies on the Effects of Infant Feeding on Speech Quality." *NZ Med J, 82*, 373-376.

132. Bertrand, F.R. (1968). "The Relationship of Prolonged Breast Feeding to Facial Features." *Cent Afr J Med, (14)*: 226-227.

133. Santos-Neto, E.T., Oliveira, A.E., Barbosa, R.W., Zandonade, E., & Oliveira, L. (2012). "The Influence of Sucking Habits on Occlusion Development in the First 36 Months." *Dental Press J Orthod, 17*(4): 96-104.

134. Peres, K.G., Cascaes, A.M., Nascimento, G.G., & Victora, C.G. (2015). "Effect of Breastfeeding on Malocclusions: A Systematic Review and Meta-Analysis." *Acta Paediatr, 104*(S467): 54-61.

135. Peres, K.G., Cascaes, A.M., Peres, M.A., Demarco, F.F., Santos, I.S., Matijasevich, A., & Barros, A.J. (2015). "Exclusive Breastfeeding and Risk of Dental Malocclusion." *Pediatrics, 136*(1): e60-e67.

136. Sabuncuoglu, O. (2013). "Understanding the Relationships Between Breastfeeding, Malocclusion, ADHD, Sleep-Disordered Breathing and Traumatic Dental Injuries." *Medical Hypotheses, 80*(3): 315-320.

137. Bueno, S.B., Bittar, T.O., Vazquez, F.D.L., Meneghim, M.C., & Pereira, A.C. (2013). "Association of Breastfeeding, Pacifier Use, Breathing Pattern and Malocclusions in Preschoolers." *Dental Press J Orthod, 18*(1): 30e1-30e6.

138. Page, D.C., Sr. (2003). "'Real' Early Orthodontic Treatment: From Birth to Age 8." *Funct Orthod: J Funct Jaw Orthop, 20*(1-2): 48-58.

139. Page, D.C., Sr. (2003). "'Real' Early Orthodontic Treatment: From Birth to Age 8." *Funct Orthod: J Funct Jaw Orthop, 20*(1-2): 54.

140. Paunio, P., Rautava, P., & Sillanpää, M. (1993). "The Finnish Family Competence Study: The Effects of Living Conditions on Sucking Habits in 3-Year-Old Finnish Children and the Association Between These Habits and Dental Occlusion." *Acta

Odontol Scand 51(1): 23-29.

141. Davis, D.W., & Bell, P.A. (1991). "Infant Feeding Practices and Occlusal Outcomes: A Longitudinal Study." *J Can Dent Assoc, 57*(7): 593-594.

142. Paunio, P., Rautava, P., & Sillanpaa, M. (1993). "The Finnish Family Competence Study: The Effects of Living Conditions on Sucking Habits in 3-Year-Old Finnish Children and the Association Between These Habits and Dental Occlusion." *Acta Odontol Scand, 51*(1): 23-29.

143. Peres, K.G., Cascaes, A.M., Nascimento, G.G., & Victora, C.G. (2015). "Effect of Breastfeeding on Malocclusions: A Systematic Review and Meta-Analysis." *Acta Paediatr, 104*(S467): 54-61.

144. Peres, K.G., Cascaes, A.M., Peres, M.A., Demarco, F.F., Santos, I.S., Matijasevich, A., & Barros, A.J. (2015). "Exclusive Breastfeeding and Risk of Dental Malocclusion." *Pediatrics, 136*(1): e60-e67.

145. Sabuncuoglu, O. (2013). "Understanding the Relationships Between Breastfeeding, Malocclusion, ADHD, Sleep-Disordered Breathing and Traumatic Dental Injuries." *Medical Hypotheses, 80*(3): 315-320.

146. Bueno, S.B., Bittar, T.O., Vazquez, F.D.L., Meneghim, M.C., & Pereira, A.C. (2013). "Association of Breastfeeding, Pacifier Use, Breathing Pattern and Malocclusions in Preschoolers." *Dental Press J Orthod, 18*(1): 30e1-30e6.

147. Ogarrd, B., Larsson, E., & Lindsten, R. (1994). "The Effect of Sucking Habits, Cohort, Sex, Inter-Canine Arch Widths, and Breast or Bottle Feeding on Posterior Crossbite in Norwegian and Swedish 3-Year-Old Children." *Am J Orthod Dentofacial Orthop, 106*(2): 161-166.

148. Montagu, A. (1986). Touching: *The Human Significance of the Skin* (3rd ed.). New York: Harper and Row Publishers, 69-95.

149. Kimball, E.R. (1968, June). "How I Get Mothers to Breastfeed." *Physician's Management* (OB/ GYN'S Supplement).

150. Hoefer, C., & Hardy, M.C. (1929). "Later Development of Breast Fed and Artificially Fed Infants." *JAMA, 96*, 615-619.

151. Horwood, I.J., & Ferguson, D.M. (1998). "Breastfeeding and Later Cognitive and Academic Outcomes." *Pediatrics, 101*(1): E9.

152. Hoefer, C., & Hardy, M.C. (1929). "Later Development of Breast Fed and Artificially Fed Infants." *JAMA, 96*, 615-619.

153. Enlow, D.H., & Hans, M.G. (1996). "Essentials of Facial Growth." Philadelphia, PA: WB Saunders.

154. Yamada, T., Tanne, K., Miyamoto, K., & Yamauchi, K. (1997). "Influences of Nasal Respiratory Obstruction on Craniofacial Growth in Young Macaca Fuscata Monkeys." *Am J Orthod Dentofacial Orthop, 111*(1): 38-43.

155. Wright, J.L. (2001). "Diseases of the Small Airways." *Lung, 179*(6): 375-396.

156. Page, D.C., Sr. (2014). *Your Jaws – Your Life*. Baltimore: SmilePage Publishing, 33.

157. Vlahandonis, A., Walter, L.M., & Rosemary, R.S. (2013). "Does Treatment of SDB in Children Improve Cardiovascular Outcome?" *Sleep Med Rev, 17*(1): 75-85.

158. Guilleminault, C., & Huang, Y. S. (2017). "From Oral Facial Dysfunction to Dysmorphism and the Onset of Pediatric OSA." *Sleep Med Rev.*

159. Guilleminault, C., & Akhtar, F. (2015). "Pediatric Sleep-Disordered Breathing: New Evidence on its Development." *Sleep Med Rev, 24*, 46-56.

160. Huang, Y., & Guilleminault, C., (2013). "Pediatric Obstructive Sleep Apnea and the Critical Role of Oral-Facial Growth: Evidences." *Front Neurol, 3*(184): 1-7.

161. Marcus, C.L., Brooks, L.J., Ward, S.D., Draper, K.A., Gozal, D., Halbower, A.C., Jones, J., Lehmann, C., Schechter, M.S., Sheldon, S., Shiffman, R.N., & Spruyt, K. (2012). "Diagnosis and Management of Childhood Obstructive Sleep Apnea Syndrome." *Pediatrics, 130*(3): e714-e755.

162. Bonuck, K., Freeman, K., Chervin, R.D., & Xu, L. (2012). "Sleep-Disordered Breathing in a Population- Based Cohort: Behavioral Outcomes at 4 and 7 Years." *Pediatrics, 129*(4): 1-9.

163. Bonuck, K., Rao, T., & Xu, L. (2012, Oct.). "Pediatric Sleep Disorders and Special Educational Need at 8 Years: A Population-Based Cohort Study." *Pediatrics, 130*(4): 634-642.

164. Marangu, D., Jowi, C., Aswani, J., Wambani, S., & Nduati, R. (2014). "Prevalence and Associated Factors of Pulmonary Hypertension in Kenyan Children with Adenoid or Adenotonsillar Hypertrophy." *Int J Pediatr Otorhinolaryngol, 78*(8): 1381-1386.

165. Martha, V.F., da Silva Moreira, J., Martha, A.S., Velho, F.J., Eick, R.G., & Goncalves, S.C. (2013). "Reversal of Pulmonary Hypertension in Children After Adenoidectomy or Adenotonsillectomy." *Int J Pediatr Otorhinolaryngol, 77*(2): 237-240.

166. Ruoff, C.M., & Guilleminault, C. (2012, June). "Orthodontics and Sleep-Disordered Breathing." *Sleep breath, 16*(2): 271-273.

167. Camacho, M., Certal, V., Abdullatif, J., Zaghi, S., Ruoff, C.M., Capasso, R., & Kushida, C.A. (2015). "Myofunctional Therapy to Treat Obstructive Sleep Apnea: A Systematic Review and Meta-Analysis." *SLEEP, 38*(5): 669-675.

168. Ingram, D. (2018). *Sleep Apnea in Children: A Handbook for Families*. USA: Children's Mercy Hospital.

169. Gelb, M., & Hindin, H. (2016). *Gasp! Airway Health － The Hidden Path to Wellness*. USA: Gelb and Hindin.

170. Page, D.C., Sr. (2014). *Your Jaws － Your Life*. Baltimore: SmilePage Publishing.

171. Feig, C. (2011). "Exclusive Breastfeeding for Six Months Best for Babies Everywhere." Geneva, Switzerland: World Health Organization. Retrieved from http://www.who.int/mediacentre/news/statements/2011/breastfeeding_20110115/en/.

172. Kramer M.S., & Kakuma R. (2012). "Optimal Duration of Exclusive Breastfeeding." *Cochrane Database Syst Rev, 8*(8): (CD003517).

173. Widström, A.M., Lilja, G., Aaltomaa-Michalias, P., Dahllöf, A., Lintula, M., & Nissen, E. (2011). "Newborn Behaviour to Locate the Breast when Skin-to-Skin: A Possible Method for Enabling Early Self-Regulation." Acta Paediatr, 100(1): 79-85.

174. Girish, M., Mujawar, N., Gotmare, P., Paul, N., Punia, S., & Pandey, P. (2013). "Impact and Feasibility of Breast Crawl in a Tertiary Care Hospital." *J Perinatol, 33*(4): 288-291.

175. Heidarzadeh, M., Hakimi, S., Habibelahi, A., Mohammadi, M., & Shahrak, S.P.

(2016). "Comparison of Breast Crawl Between Infants Delivered by Vaginal Delivery and Cesarean Section." *Breastfeed Med, 11*(6): 305-308.

176. McDonald, S.J., & Middleton, P. (2008). "Effect of Timing of Umbilical Cord Clamping of Term Infants on Maternal and Neonatal Outcomes." *Cochrane Database Syst Rev, 2*(2).

177. McDonald, S.J., & Middleton, P. (2008). "Effect of Timing of Umbilical Cord Clamping of Term Infants on Maternal and Neonatal Outcomes." *Cochrane Database Syst Rev, 2*(2).

178. Speer, C.P., Schatz, R., & Gahr, M. (1985). "Function of Breast Milk Macrophages." *Monatsschrift Kinderheilkunde: Organ der Deutschen Gesellschaft fur Kinderheilkunde, 133*(11): 913-917.

179. Cummings, N.P., Neifert, M.R., Pabst, M.J., & Johnston, R.B. (1985). "Oxidative Metabolic Response and Microbicidal Activity of Human Milk Macrophages: Effect of Lipopolysaccharide and Muramyl Dipeptide." *Infect and Immun, 49*(2): 435-439.

180. Queiroz, V.A.D.O., Assis, A.M.O., Júnior, R., & da Costa, H. (2013). "Protective Effect of Human Lactoferrin in the Gastrointestinal Tract." *Revista Paulista de Pediatria, 31*(1): 90-95.

181. Genna, C.W. (2017). *Supporting Sucking Skills in Breastfeeding Infants.* Woodhaven, NY: Jones and Bartlett Learning.

182. Walker, M. (2016). "Nipple Shields: What We Know, What We Wish We Knew, and How Best to Use Them." *Clinical Lactation, 7*(3): 100-107.

183. Boyd, K.L. (2012). "Darwinian Dentistry Part 2: Early Childhood Nutrition, Dentofacial Development, and Chronic Disease." *JAOS.* 28-32.

184. Boyd, K.L. (2011). "Darwinian Dentistry Part 1: An Evolutionary Perspective on the Etiology of Malocclusion." *JAOS,* 34-40.

185. Lin, S. (2018). *The Dental Diet: The Surprising Link Between Your Teeth, Real Food, and Life-Changing Natural Health.* USA, Australia, UK, Canada, India: Hay House, Inc.

186. Cockley, L., & Lehman, A. (2015, Winter). "The Ortho Missing Link: Could it be

Tied to the Tongue?" *Journal of the American Orthodontic Society*, 18-21.

187. Hazelbaker, A.K. (2010). *Tongue-Tie: Morphogenesis, Impact, Assessment, and Treatment*. Columbus, OH: Aiden and Eva Press.

188. Genna, C.W. (2017). "The Influence of Anatomic and Structural Issues on Sucking Skills." In C.W. Genna (Ed.), *Supporting Sucking Skills in Breastfeeding Infants* (3rd ed., pp. 209-267). Woodhaven, NY: Jones and Bartlett Learning.

189. Martinelli, R.L., Marchesan, I.Q., Gusmão, R.J., Rodrigues, A., & Berretin-Felix, G. (2014). "Histological Characteristics of Altered Human Lingual Frenulum." *Int J Pediatr Child Health, 2*, 6-9.

190. Acevedo, A.C., da Fonseca, J.A.C., Grinham, J., Doudney, K., Gomes, R.R., de Paula, L.M., & Stanier, P. (2010). "Autosomal-Dominant Ankyloglossia and Tooth Number Anomalies." *J Dent Res, 89*(2): 128-132.

191. Han, S.H., Kim, M.C., Choi, Y.S., Lim, J.S., & Han, K.T. (2012). "A Study on the Genetic Inheritance of Ankyloglossia Based on Pedigree Analysis." *Arch Plast Surg, 39*(4): 329-332.

192. Klockars, T., & Pitkäranta, A. (2009b). "Inheritance of Ankyloglossia (Tongue-Tie)." *Clin Genet, 75*(1): 98- 99.

193. Coryllos, E., Genna, C.W., & Salloum, A.C. (2004). "Congenital Tongue-Tie and its Impact on Breastfeeding." *Breastfeeding: Best for Mother and Baby*, 1-6.

194. Cheng, M.C., Enlow, D.H., Papsidero, M., Broadbent Jr, B.H., Oyen, O., & Sabat, M. (1988). "Developmental Effects of Impaired Breathing in the Face of the Growing Child." *Angle Orthod, 58*(4): 309- 320.

195. Guilleminault, C., & Huang, Y.S. (2017). "From Oral Facial Dysfunction to Dysmorphism and the Onset of Pediatric OSA." *Sleep Med Rev*.

196. Lundberg, J.O.N., & Weitzberg, E. (1999). "Nasal Nitric Oxide in Man." *Thorax, 54* (10): 947- 952.

197. Marangu, D., Jowi, C., Aswani, J., Wambani, S., & Nduati, R. (2014). "Prevalence and Associated Factors of Pulmonary Hypertension in Kenyan Children with Adenoid or Adenotonsillar Hypertrophy." *Int J Pediatr Otorhinolaryngol, 78*(8):

1381-1386.

198. Schlenker, W.L., Jennings, B.D., Jeiroudi, M.T., & Caruso, J.M. (2000). "The Effects of Chronic Absence of Active Nasal Respiration on the Growth of the Skull: A Pilot Study." *Am J Orthod Dentofacial Orthop, 117*(6): 706-713.

199. Francis, D.O., Chinnadurai, S., Morad, A., Epstein, R.A., Kohanim, S., Krishnaswami, S., Sathe. N.A., & McPheeters, M.L. (2015, May). "Treatments for Ankyloglossia and Ankyloglossia with Concomitant Lip-Tie." Comparative Effectiveness Review No. 149. (Prepared by the Vanderbilt Evidence-Based Practice Center under Contract No. 290-2012-00009-I.) AHRQ Publication No. 15-EHC011-EF. Rockville, MD: Agency for Healthcare Research and Quality. Retrieved from http://www.effectivehealthcare.ahrq.gov/search-for-guides-reviews-and-reports/?pageaction=displayproduct&productid=2073.

200. Convissar, R.A., Hazelbaker, A., Kaplan, M.A., & Vitruk, P. (2017). *Color Atlas of Infant Tongue-Tie and Lip-Tie Laser Frenectomy*. Columbus, OH: PanSophia Press, LLC.

201. Boshart, C. (2015). *Demystify the Tongue Tie: Methods to Confidently Analyze and Treat a Tethered Tongue*. Ellijay, GA: Speech Dynamics.

202. Merkel-Walsh, R. & Overland, L.L. (in press). *Functional Assessment and Remediation of Tethered Oral Tissues*. Charleston, SC: TalkTools.

203. Pine, P. (2018). *Please Release Me: The Tethered Oral Tissue (TOT) Puzzle*. USA: Minibuk.

204. Kotlow, L.A. (2016). *SOS 4 TOTS: Tethered Oral Tissues, Tongue-Ties & Lip Ties*. New York: Troy Bookmakers.

205. Genna, C.W. (2017). *Supporting Sucking Skills in Breastfeeding Infants*. Woodhaven, NY: Jones and Bartlett Learning.

206. Horsfall, C. (2013). *Tongue Tie: Breastfeeding and Beyond. A Parents' Guide to Diagnosis, Division and Aftercare*. Kindle Direct Publishing.

207. Fernando, C. (1998). *Tongue Tie - From Confusion to Clarity: A Guide to the Diagnosis and Treatment of Ankyloglossia*. Australia: Tandem Publications.

208. Hazelbaker, A.K. (2010). *Tongue-Tie: Morphogenesis, Impact, Assessment, and Treatment*. Columbus, OH: Aiden and Eva Press.

209. Colson, S.D., Meek, J.H., & Hawdon, J.M. (2008). "Optimal Positions for the Release of Primitive Neonatal Reflexes Stimulating Breastfeeding." *Early Hum Dev, 84*, 441-449.

210. Colson, S. (2005). "Maternal Breastfeeding Positions: Have We Got It Right?" (1). *Pract Midwife, 8*(10): 24, 26-27.

211. Colson, S. (2005). "Maternal Breastfeeding Positions: Have We Got It Right?" (1). *Pract Midwife, 8*(11): 29-32.

212. Bagdade, J.D., & Hirsch, J. (1966). "Gestational and Dietary Influences on the Lipid Content of the Infant Buccal Fat Pad." *Proc Soc Exp Biol Med, 122*(2): 616-619.

213. Einarsson-Backes, L.M., Deitz, J., Price, R., Glass, R., & Hays, R. (1994). "The Effect of Oral Support on Sucking Efficiency in Preterm Infants." *Am J Occup Ther, 48*(6): 490-498.

214. Hill, A.S. (2005). "The Effects of Nonnutritive Sucking and Oral Support on the Feeding Efficiency of Preterm Infants." *Newborn Infant Nurs Rev, 5*(3): 133-141.

215. Hill, A.S., Kurkowski, T.B., & Garcia, J. (2000). "Oral Support Measures Used in Feeding the Preterm Infant." *Nursing Research, 49*(1): 2-10.

216. Jackson, I.T. (1999). "Anatomy of the Buccal Fat Pad and its Clinical Significance." *Plast Reconstr Surg, 103*(7): 2061-2063.

217. Patil, R., Singh, S., & Subba Reddy, V.V. (2003, Dec.). "Herniation of the Buccal Fat Pad into the Oral Cavity: A Case Report." *J Indian Sot Pedo Prev Dent, 21*(4).

218. Ponrartana, S., Patil, S., Aggabao, P.C., Pavlova, Z., Devaskar, S.U., & Gilsanz, V. (2014). "Brown Adipose Tissue in the Buccal Fat Pad During Infancy." *PloS one, 9*(2): e89533.

219. Racz, L., Maros, T.N., & Seres-Sturm, L. (1989). "Structural Characteristics and Functional Significance of the Buccal Fat Pad (Corpus Adiposum Buccae)." *Morphol Embryol, 35*(2): 73-77.

220. Tostevin, P.M.J., & Ellis, H. (1995). "The Buccal Pad of Fat: A Review." *Clin Anat,*

8(6): 403- 406.

221. Speer C.P., Schatz R., & Gahr M. (1985). "Function of Breast Milk Macrophages." *Monatsschr Kinderheilkd, 133*(11): 913-917.

222. Cummings, N.P., Neifert, M.R., Pabst, M.J., & Johnston, R.B. (1985). "Oxidative Metabolic Response and Microbicidal Activity of Human Milk Macrophages: Effect of Lipopolysaccharide and Muramyl Dipeptide." *Infect Immun, 49*(2): 435-439.

223. Speer, C.P., Schatz, R., & Gahr, M. (1985). "Function of Breast Milk Macrophages." *Monatsschrift Kinderheilkunde: Organ der Deutschen Gesellschaft fur Kinderheilkunde, 133*(11): 913-917.

224. Cummings, N.P., Neifert, M.R., Pabst, M.J., & Johnston, R.B. (1985). "Oxidative Metabolic Response and Microbicidal Activity of Human Milk Macrophages: Effect of Lipopolysaccharide and Muramyl Dipeptide." *Infection and Immunity, 49*(2): 435-439.

225. Queiroz, V.A.D.O., Assis, A.M.O., Júnior, R., & da Costa, H. (2013). "Protective Effect of Human Lactoferrin in the Gastrointestinal Tract." *Revista Paulista de Pediatria, 31*(1): 90-95.

226. West, D., & Marasco, L. (2009). *The Breastfeeding Mother's Guide to Making More Milk*. Columbus, OH: McGraw Hill.

227. West. D, & Marasco, L (2009). *The Breastfeeding Mother's Guide to Making More Milk*. Columbus, OH: McGraw Hill.

228. Zemlin, W.R. (1998). *Speech and Hearing Science: Anatomy and Physiology* (4th ed.). Boston: Allyn and Bacon, 547.

229. Ginsberg, I.A., & White, T.P. (1978). "Otological Considerations in Audiology." In J. Katz (Ed.), *Handbook of Clinical Audiology* (2nd ed., pp. 8-22), Baltimore, MD: Williams & Wilkins, 13.

230. Goetzinger, C.P. (1978). "Word Discrimination Testing." In J. Katz (Ed.), *Handbook of Clinical Audiology* (2nd ed., pp. 149-158), Baltimore, MD: Williams & Wilkins, 151.

231. Sachs, J. "The Emergence of Intentional Communication." In J.B. Gleason (Ed.), *The*

Development of Language (3rd ed., pp. 39-64). New York: Macmillan Publishing Company, 40.

232. Geddes, D.T., Kent, J.C., Mitoulas, L.R., & Hartmann, P.E. (2008). "Tongue Movement and Intra-Oral Vacuum in Breastfeeding Infants." *Early Hum Dev, 84*(7): 471-477.

233. Elad, D., Kozlovsky, P., Blum, O., Laine, A.F., Ming, J.P., Botzer, E., Dollberg, S., Zelicovich, M., & Sira, L.B. (2014, Apr). "Biomechanics of Milk Extraction During Breast-Feeding." *Proceedings of the National Academy of Sciences for the United Stated of America, 111*(14): 5230- 5235.

234. Genna, C.W. (2017). *Supporting Sucking Skills in Breastfeeding Infants* (3rd ed.). Woodhaven, NY: Jones and Bartlett Learning.

235. Genna, C.W., (2017). "The Influence of Anatomic and Structural Issues on Sucking Skills." In C.W. Genna (Ed.), *Supporting Sucking Skills in Breastfeeding Infants* (3rd ed., pp. 209-267). Woodhaven, NY: Jones and Bartlett Learning.

236. Genna, C.W., & Sandora, L. (2017). "Breastfeeding: Normal Sucking and Swallowing." In C.W. Genna (Ed.), *Supporting Sucking Skills in Breastfeeding Infants* (3rd ed., pp. 1-48). Woodhaven, NY: Jones and Bartlett Learning.

237. Guilleminault, C., & Huang, Y. (2017). "From Oral Facial Dysfunction and Onset of Pediatric OSA: Evidences." *Sleep Med Rev.*

238. Guilleminault, C., & Huang, Y. (2017). "From Oral Facial Dysfunction and Onset of Pediatric OSA: Evidences." *Sleep Med Rev.*

239. Santos-Neto, E.T., Oliveira, A.E., Barbosa, R.W., Zandonade, E., & Oliveira, L. (2012). "The Influence of Sucking Habits on Occlusion Development in the First 36 Months." *Dental Press J Orthod, 17*(4): 96-104.

240. Merrill, P. (2008). *Feedback from Lactation Consultant* - Baltimore, MD: http://www. nurturingnaturallylc.net/.

241. Satter, E. (2000). *Child of Mine: Feeding with Love and Good Sense*. Boulder, CO: Bull Publishing Company, 162.

242. Satter, E. (2000). *Child of Mine: Feeding with Love and Good Sense*. Boulder, CO:

Bull Publishing Company, 165-166, 206-207.

243. Satter, E. (2000). *Child of Mine: Feeding with Love and Good Sense*. Boulder, CO: Bull Publishing Company, 218.

244. Satter, E. (2000). *Child of Mine: Feeding with Love and Good Sense*. Boulder, CO: Bull Publishing Company, 231.

245. Northrup, C. (2005). *Mother-Daughter Wisdom: Creating a Legacy of Physical and Emotional Health*. New York: Bantam Dell, 212-214.

246. Batmanghelidj, F. (1997). *Your Body's Many Cries for Water*. Vienna, VA: Global Health Solutions, 8.

247. Batmanghelidj, F. (1997). *Your Body's Many Cries for Water*. Vienna, VA: Global Health Solutions, 13.

248. Batmanghelidj, F. (1997). *Your Body's Many Cries for Water*. Vienna, VA: Global Health Solutions.

249. Satter, E. (2000). *Child of Mine: Feeding with Love and Good Sense*. Boulder, CO: Bull Publishing Company, 176-177.

250. Satter, E. (2000). *Child of Mine: Feeding with Love and Good Sense*. Boulder, CO: Bull Publishing Company, 509.

251. Karp, H. (2002). *The Happiest Baby on the Block*. New York: Bantam Dell, 4.

252. Rosenfeld-Johnson, S. (1999). *A Three-Part Treatment Plan for Oral-Motor Therapy*. Baltimore, MD: Innovative Therapists International, Workshop.

253. Yilmaz, G., Caylan, N., Karacan, C.D., Bodur, I., & Gokcay, G. (2014). "Effect of Cup Feeding and Bottle Feeding on Breastfeeding in Late Preterm Infants: A Randomized Controlled Study." *J Hum Lact, 30*(2): 174-179.

254. Gomes, C.F., Trezza, E., Murade, E., & Padovani, C.R. (2006). "Surface Electromyography of Facial Muscles During Natural and Artificial Feeding of Infants." *Jornal de Pediatria, 82*(2): 103-109.

255. Abouelfettoh, A.M., Dowling, D.A., Dabash, S.A., Elguindy, S.R., & Seoud, I.A. (2008). "Cup Versus Bottle Feeding for Hospitalized Late Preterm Infants in Egypt: A Quasi-Experimental Study." *Int Breastfeed J*, 3(1): 27.

256. Gupta, A., Khanna, K., & Chattree, S. (1999). "Brief Report. Cup Feeding: An Alternative to Bottle Feeding in a Neonatal Intensive Care Unit." *J Tropical Pediatr, 45* (2): 108-110.

257. Marinelli, K.A., Burke, G.S., & Dodd, V.L. (2001). "A Comparison of the Safety of Cupfeedings and Bottlefeedings in Premature Infants Whose Mothers Intend to Breastfeed." *J Perinatol, 21*(6): 350.

258. Tinanoff, N., & Palmer, C.A. (2000). "Dietary Determinants of Dental Caries and Dietary Recommendations for Preschool Children." *Journal Public Health Dent, 60* (3): 197-206.

259. Potock, M. (n.d.). "Why You May Want to Skip the Sippy Cup for Your Baby." *Parents*. Retrieved from https://www.parents.com/baby/feeding/center/why-you-may-want-to-skip-the-sippy-cup-for-your-baby/.

260. Potock, M. (2014, Jan). "Step Away from the Sippy Cup!" *The ASHA Leader Blog*. Retrieved from https://blog.asha.org/2014/01/09/step-away-from-the-sippy-cup/.

261. Potock, M. (2017, Feb). "Sippy Cups: 3 Reasons to Skip Them and What to Offer Instead." *The ASHA Leader Blog*. Retrieved from https://blog.asha.org/2017/02/28/sippy-cups-3-reasons-to-skip-them-and-what-to-offer-instead/.

262. Rosenfeld-Johnson, S. (1999). *A Three-Part Treatment Plan for Oral-Motor Therapy*. (Baltimore: Innovative Therapists International). Workshop.

263. Bahr, D. (2010). *Nobody Ever Told Me (or My Mother) That! Everything from Bottles and Breathing to Healthy Speech Development*. Arlington, TX: Sensory World/Future Horizons.

264. Lowsky, D.C. (2011). *Tips & Techniques Exercise Book for the Grabber Family*. Lugoff, SC: ARK Therapeutic Services.

265. Oetter, P., Richter, E.W., & Frick, S.M. (1995). *M.O.R.E.: Integrating the Mouth with Sensory and Postural Functions* (2nd ed.). Hugo, MN: PDP Press, Inc.

266. Johnson, S. R. (2009). *OPT (Oral Placement Therapy) for Speech Clarity and Feeding*. Charleston, SC: TalkTools.

267. Field, T. (2000). *Touch Therapy*. New York: Churchill Livingstone.

268. Potock, M. (2018). *Adventures in Veggieland: Help Your Kids Learn to Love Vegetables with 100 Easy Activities and Recipes*. New York, NY: The Experiment.

269. Ripton, N., & Potock, M. (2016). *Baby Self-Feeding: Solid Food Solutions to Create Lifelong, Healthy Eating Habits*. Beverly, MA: Quarto Publishing Group.

270. Satter, E. (2000). *Child of Mine: Feeding with Love and Good Sense*. Boulder, CO: Bull Publishing Company.

271. Potock, M. (2010). *Happy Mealtimes with Happy Kids: How to Teach Your Child About the Joy of Food*. Longmont, Colorado: My Munch Bug.

272. Rowell, K., & McGlothlin, J. (2015). *Helping Your Child with Extreme Picky Eating: A Step-by-Step Guide for Overcoming Selective Eating, Food Aversion, and Feeding Disorders*. Oakland, CA: New Harbinger Publications.

273. Satter, E. (1987). *How to Get Your Kid to Eat ...... but Not Too Much*. Palo Alto, CA: Bull Publishing Company.

274. Ernsperger, L., & Stegen-Hanson, T. (2004). *Just Take a Bite: Easy, Effective Answers to Food Aversions and Eating Challenges*. Arlington, TX: Future Horizons, Inc.

275. Fernando, N., & Potock, M. (2015). *Raising a Healthy, Happy Eater: A Stage-by-Stage Guide to Setting Your Child on the Path to Adventurous Eating*. New York, NY: The Experiment.

國家圖書館出版品預行編目（CIP）資料

促進嬰幼兒口腔發展的餵食技巧：父母必備指南/
Diane Bahr 著；簡欣瑜, 張偉倩, 廖婉霖譯.
--初版. --新北市：心理出版社股份有限公司, 2024.05
面；　公分. --（溝通魔法系列；65903）
譯自：Feed your baby & toddler right : early eating and
drinking skills encourage the best development
ISBN 978-626-7447-09-3（平裝）

1.CST：育兒　　2.CST：幼兒健康

428　　　　　　　　　　　　　　　113004054

溝通魔法系列 65903

促進嬰幼兒口腔發展的餵食技巧：父母必備指南
～～～～～～～～～～～～～～～～～～～～～～～～～～～～～～～～～～
作　　者：Diane Bahr
譯　　者：簡欣瑜、張偉倩、廖婉霖
執行編輯：高碧嶸
總 編 輯：林敬堯
發 行 人：洪有義
出 版 者：心理出版社股份有限公司
地　　址：231026 新北市新店區光明街 288 號 7 樓
電　　話：(02) 29150566
傳　　真：(02) 29152928
郵撥帳號：19293172　心理出版社股份有限公司
網　　址：https://www.psy.com.tw
電子信箱：psychoco@ms15.hinet.net
排 版 者：辰皓國際出版製作有限公司
印 刷 者：辰皓國際出版製作有限公司
初版一刷：2024 年 5 月
Ｉ Ｓ Ｂ Ｎ：978-626-7447-09-3
定　　價：新台幣 300 元